Andreas Steinle
Christiane Friedemann

30 Minuten

Bessere Workshops

Bibliografische Information der Deutschen Nationalbibliothek

Die Deutsche Nationalbibliothek verzeichnet diese Publikation in der Deutschen Nationalbibliografie; detaillierte bibliografische Daten sind im Internet über http://dnb.d-nb.de abrufbar.

ISBN 978-3-96739-080-3

Umschlaggestaltung: die imprimatur, Hainburg
Umschlagkonzept: Martin Zech Design, Bremen
Lektorat: Eva Gößwein, Berlin
Illustrationen: Lotte Friedemann
Fotos C. Friedemann, A. Steinle: Paulo Sacramento
Satz: Zerosoft, Timisoara (Rumänien)
Druck und Verarbeitung: Salzland Druck, Staßfurt

Wir drucken in Deutschland.

www.gabal-verlag.de
www.gabal-magazin.de
www.twitter.com/gabalbuecher
www.facebook.com/Gabalbuecher
www.instagram.com/gabalbuecher

PEFC
PEFC/04-31-2251

PEFC zertifiziert
Dieses Produkt stammt aus nachhaltig bewirtschafteten Wäldern und kontrollierten Quellen.
www.pefc.de

In 30 Minuten wissen Sie mehr!

Dieses Buch ist so konzipiert, dass Sie in kurzer Zeit prägnante und fundierte Informationen aufnehmen können. Mithilfe eines Leitsystems werden Sie durch das Buch geführt. Es erlaubt Ihnen, innerhalb Ihres persönlichen Zeitkontingents (von 10 bis 30 Minuten) das Wesentliche zu erfassen.

Kurze Lesezeit

In 30 Minuten können Sie das ganze Buch lesen. Wenn Sie weniger Zeit haben, lesen Sie gezielt nur die Stellen, die für Sie wichtige Informationen beinhalten.

- Schlüsselfragen mit Seitenverweisen zu Beginn eines jeden Kapitels erlauben eine schnelle Orientierung: Sie blättern direkt zu dem Thema, das Sie besonders interessiert.

- *Zahlreiche Zusammenfassungen innerhalb der Kapitel erlauben das schnelle Querlesen.* 30

- Ein Fast Reader am Ende des Buches fasst alle wichtigen Aspekte zusammen.

- Ein Register erleichtert das Nachschlagen.

Inhalt

Vorwort

Die Zeit ist reif: Für Macher*innen, Erfinder*innen, Kreative, Visionär*innen – und das nicht nur in den hippen Start-ups, sondern in den Konzernen, Traditionsunternehmen und Behörden. Die Zeit ist reif, neue Ideen zu entwickeln und in Innovationen umzusetzen. Noch nie hatten wir so viele Möglichkeiten, uns zu vernetzen, sei es digital oder auch physisch. Ergreifen wir diese Chance – indem wir bessere Workshops machen.

Das Format des Workshops wird meistens genutzt, wenn neue Ideen oder Strategien entwickelt werden sollen, zum Beispiel um die Innovationspipeline der Forschungsabteilung zu füllen oder um ein neues Konzept zur Kundenbindung zu entwickeln. Tagtäglich werden Tausende von Workshops durchgeführt. Nicht immer ist das Ergebnis zufriedenstellend, vielleicht weil unter den Teilnehmer*innen ein lautstarkes Alphatier alle plattredet oder die eingesetzten Methoden nicht die Kreativität beflügeln.

Mit ein paar kleinen Veränderungen im Grundaufbau eines Workshops lässt sich bereits einiges tun, um das gewünschte Ergebnis herbeizuführen. Mit den geeigneten Kreativmethoden an der richtigen Stelle lässt sich der Ideen-Output deutlich steigern.

Wir sind seit über 25 Jahren im Workshop-Business und lernen jeden Tag dazu. Unsere Erfahrungen möchten wir in diesem Buch weitergeben. Denn es ist unser eigener Antrieb, Workshops besser zu machen. Als

Gründer*in und Geschäftsführer*in der Zukunftsinstitut Workshop GmbH tragen wir diesen Ansporn quasi im Namen.
In diesem Buch soll es nicht darum gehen, wie ein Workshop organisiert oder eine Agenda aufgebaut wird. Das ist zwar ebenso wichtig, aber nicht unser Schwerpunkt. Der Fokus liegt auf dem kreativen Miteinander der Teilnehmer*innen. Wie bringt man die Menschen in Schwung? Wie lässt sich ihr Energielevel hoch halten? Wie kitzelt man ihre Kreativität heraus? Wie lassen sich Workshops lebendiger und ideenreicher gestalten? Hierfür haben wir eine Auswahl unserer besten Methoden zusammengestellt. Viele davon sind von uns selbst entwickelt und in zahlreichen Innovationsprojekten angewandt und erprobt worden.
Wir erheben keinen Anspruch auf Vollständigkeit, sondern auf Spaß. Denn Spaß braucht es, um gute Ergebnisse in Workshops zu erzielen. In diesem Sinne:

Viel Spaß beim Lesen und beim nächsten Workshop wünschen

Christiane Friedemann & Andreas Steinle
Leidenschaftliche Workshopper

30 MINUTEN

Warum ist es sinnvoll, wenn sich im Workshop alle duzen?

Seite 10

In jeder Person steckt ein Superschurke – warum sollte das Team ihn kennen?

Seite 14

Warum zweifeln viele an ihrer Kreativität und was lässt sich dagegen tun?

Seite 17

1. Mindset – der richtige Teamspirit

Entscheidend für das Ergebnis eines Workshops ist das kreative Zusammenspiel der Teilnehmer*innen – ihre Offenheit und ihre Wertschätzung füreinander. Das gilt fürs reale Zusammenkommen genauso wie für die digitale Zusammenarbeit. Doch das Mindset lässt sich nicht von oben verordnen. Viele fragen sich: Wie lässt sich eine Kultur verändern, die über viele Jahre innerhalb einer Organisation gewachsen ist? Wie setzt sich in den Köpfen das entsprechende Mindset fest, um bessere Ideen hervorzubringen? Die Antwort hierauf ist scheinbar einfach und hat es dennoch in sich: durch Üben. Alte Gewohnheiten geben Menschen nur auf, wenn sie diese durch neue Gewohnheiten überschreiben. Und neue Gewohnheiten entstehen durch kontinuierliches Einüben eines veränderten Verhaltens. Zu diesem Zweck setzen wir eine Vielzahl von kleineren Elementen und Warm-ups ein, die zu Beginn und während des Verlaufs von Workshops stattfinden. Sie mögen einigen auf den ersten Blick wie eine überflüssige Spielerei vorkommen. Doch hinter ihnen stehen Denkweisen, die – wenn verinnerlicht – eine Kultur verändern können.

1.1 Kreatives Setting

In unseren Workshops orientieren wir uns an den folgenden Prinzipien, die ein gutes, kreatives Setting ausmachen:

- Interdisziplinarität
- Hierarchiefreiheit
- Autonomie

Ideen entstehen immer dann, wenn neue Verknüpfungen gebildet werden. Deswegen ist Interdisziplinarität so wichtig. Erst wenn Buchhaltung, Marketing und IT in einem Team zusammenarbeiten, entsteht die nötige Perspektivenvielfalt. Damit jede Meinung gleich viel zählt und jede Idee Gehör findet, muss weitgehende Hierarchiefreiheit herrschen. Das bedeutet nicht, dass Hierarchien nicht mehr existieren. Aber während eines Workshops sollten sie im Umgang miteinander keine Rolle spielen.

Das Workshop-Du
Weil Hierarchiefreiheit für ein kreatives Setting wichtig ist, arbeiten wir selbst mit dem Workshop-Du. Auch wenn es anfangs ungewohnt ist, die Kollegen oder die Chefin zu duzen, so wird sich sehr schnell eine lockere Arbeitsatmosphäre einstellen, die den Austausch und Ideenfluss befördert.

Keine Ideen ohne Freiheit

Da man Innovation nicht auf Kommando planen kann, benötigen die Teams zudem ein hohes Maß an Autonomie. Hierzu gehört die Freiheit, wenn nötig auch zwei Schritte zurückgehen zu können. Wenn man im Verlauf eines Projekts feststellt, dass die anfängliche Fragestellung schlecht gewählt war, ist es nicht sinnvoll, die falsche Fährte weiterzuverfolgen.

Psychologische Sicherheit

In einer langjährigen, umfassenden Studie hat Google den wichtigsten Faktor für das Hervorbringen von Innovation herausgefunden: „psychological safety" – psychologische Sicherheit. Wenn Menschen Angst haben, Fehler zu machen, werden sie keine Risiken eingehen. Ohne Mut zum Risiko werden aber auch keine bahnbrechenden Ideen entstehen.

Keine Kreativität ohne Struktur

Ein hohes Maß an Freiheit bedeutet jedoch nicht, dass es keine Strukturen braucht. Im Gegenteil: Für die Effektivität von Teams sind sie von zentraler Bedeutung, gerade wenn es um kreative Prozesse geht. Strukturen beziehen sich dabei auf Zeit, Raum und Rollen.

1. Zeit

Blicken wir auf die erste strukturgebende Maßnahme: Zeit. Hier gilt:

1. Zu lange an einem Thema kleben zu bleiben, kann den Ideenfluss versiegen lassen.

2. Es führt aber auch zu schlechteren Ergebnissen, sich nicht ausreichend Zeit zu nehmen, um in Variationen zu denken und sich beim Optimieren der Ideen auch mal ein wenig zu quälen.

Für alle unsere Workshops arbeiten wir daher einen detaillierten Zeitplan aus. Wir hängen nicht sklavisch an ihm, aber er definiert Beginn und Ende einer Übung. Dieses sogenannte Time-Boxing sorgt für positiven Stress. Es macht es erforderlich, die vorhandene Zeit optimal zu nutzen und sich nicht in langwierige Diskussionen zu verwickeln.

Abb. 1: Beim ***Time-Boxing*** *geht es darum, Beginn und Ende einzelner Übungen innerhalb des Workshops klar festzulegen. Das sorgt für ein fokussiertes Arbeiten und eine klare Struktur.*

2. Raum

Neben der Zeit gibt der Umgang mit dem Raum die Strukturen der Zusammenarbeit vor.

- **Im Stehen Ideen entwickeln:** Für die Ideenentwicklung lassen wir Teams im Stehen arbeiten – wenn immer möglich auch in der digitalen Zusammenarbeit. Das sorgt für eine größere Dynamik.
- **Ideen festhalten:** In einem analogen Setting muss der Raum groß genug sein, um alle Ideen festhalten zu können. Im optimalen Fall sind alle Wände beschreib- und beklebbar.
- **Inspiration:** Wenn möglich handelt es sich nicht um einen klassischen Besprechungs- oder Konferenzraum, denn diese bieten meist nur wenig Inspiration. Bei digitalen Workshops lässt sich mit virtuellen Hintergrundbildern arbeiten.

Priming nutzen
Warum ist eine inspirierende Umgebung so wichtig? Unser Gehirn nimmt unbewusst Außenreize wahr, die zu bestimmten Denkmustern führen. In der Psychologie wird dieses Phänomen als Priming bezeichnet. Ein steriler, freudloser Raum wird eher zu konventionellen Ideen führen als beispielsweise ein Ort mit Café-Atmosphäre. Um die gewohnten Denkwelten zu verlassen, müssen wir eben auch die gewohnten Umgebungen verlassen. Wir empfehlen daher, Workshops möglichst außerhalb der eigenen Organisation zu machen.

3. Klare Rollenverteilung im Workshop

Die dritte strukturbildende Maßnahme bezieht sich auf die Rollen innerhalb eines Teams. Insbesondere wenn dieses ohne die Unterstützung von Moderator*innen zusammenarbeitet, hilft es, wenn sich jede und jeder auf eine wichtige Aufgabe fokussiert:

- Eine Person behält die Zeit im Blick und fungiert als **Zeitwächter*in**.
- Eine andere Person sorgt dafür, dass keine Idee verloren geht, und hält alles schriftlich und möglichst auch bildlich auf Notizzetteln fest – und ist somit **Ideenfänger*in**.
- Der oder die **Wohlfühlbeauftragte** hat die Teambedürfnisse im Blick: Wird eine Pause, Kaffee oder Sonstiges benötigt? Der Bauch hat immer recht.

30 *Workshops benötigen ein kreatives Setting, wenn am Ende gute Ideen herauskommen sollen. Das Team sollte möglichst interdisziplinär zusammengestellt sein, um die Ideenvielfalt zu fördern. Das Workshop-Du trägt dazu bei, dass Hierarchien keine große Rolle spielen. Ein Workshop-Raum außerhalb der eigenen Organisation lässt leichter neue Perspektiven zu.*

1.2 Superschurke und Superheldin

Workshops leben von der Vielfalt ihrer Teilnehmer*innen. Wenn der Kontrollfreak auf die Träumerin trifft, ist kreative Reibung vorprogrammiert, genauso sind es aber auch blank liegende Nerven und Stoßgebete: „Mensch, lass den Müller endlich aufhören zu nörgeln!“ Was uns

bei anderen auf die Nerven geht, ist manchmal genau das, was eine kreative Idee braucht, um besser zu werden. Der Grat zwischen positiver und negativer Reibung ist jedoch ein schmaler. Wenn der Kontrollfreak übertreibt, ist das Ergebnis destruktiv.
Aus diesem Grund wenden wir zum Start eines Workshops häufig das Warm-up *Superschurke und Superheldin* an. Dabei geht es darum, sich seiner ganz besonderen Stärken und Schwächen in der Zusammenarbeit bewusst zu werden.

Auge in Auge mit dem Marathon-Quassler

Zunächst sollen sich alle ihren inneren „Superschurken“ oder ihre „Superschurkin“ vor Augen führen, diesen oder diese auf ein Blatt Papier malen und mit einem kreativen Namen versehen.

- **Beispiel:** *Wer beispielsweise schnell in einen Endlos-Monolog verfällt, könnte seinen Superschurken „Marathon-Quassler“ nennen und seine Zeichnung mit einer überdimensionierten Sprechblase versehen. Wenn im Verlauf des Workshops die betreffende Person zum Monolog ansetzt, dürfen die anderen sich mit der nötigen humorvollen Zuwendung äußern: „Hey Marathon-Quassler, deine Zeit ist um.“*

Sich der Schurken-Eigenschaften bewusst zu werden, verbessert den Teamspirit erheblich. Zum einen sind alle anderen vorgewarnt und können besser damit umgehen. Zum anderen gibt man dem Team die Erlaubnis, einzuschreiten, wenn der Superschurke hervorkommt. Da alle solch einen Superschurken oder eine solche Superschurkin in sich tragen, lässt sich ein liebevolles Verhältnis zu ihm oder ihr aufbauen. Und manchmal braucht es ja durchaus auch Schurken-Eigenschaften.

Verborgene Superkräfte wecken

Ebenso hilfreich ist es, sich seines Superhelden oder seiner Superheldin bewusst zu werden. Das stärkt das Selbstvertrauen und gibt Zuversicht. Für Kreativprozesse sind das entscheidende Zutaten.

*Abb. 2: Wenn die **Superschurk*innen** der Teilnehmer*innen einen Namen haben, verlieren sie ihren Schrecken und die Gruppe kann ihnen humorvoll und konstruktiv begegnen. Aber auch alle anwesenden **Superheld*innen** sollten bekannt sein, damit sie ihre Superpower optimal einbringen können.*

Manchmal fällt es schwer, die eigenen Superheld*innen zu benennen. Schnell kommt falsche Bescheidenheit ins Spiel. In diesem Fall kann man auch Zweierteams bilden und der oder die andere soll die entsprechende Superpower benennen und als Skizze zu Papier bringen.

Visuelles Arbeiten
Dieses Warm-up hilft dem Team, sich in seiner Vielfalt zu erfahren und auch wertzuschätzen. Zugleich ist es eine erste Übung für das visuelle Arbeiten. Alles, was wir in Bildern festhalten, hilft dabei, Ideen im Kopf zu verankern. Von daher gilt in jedem Workshop: so viel Zeichnen wie möglich.

Jede und jeder von uns hat besondere Stärken und Schwächen. Sich dieser bewusst zu werden und sie in der Gruppe zu teilen, verbessert die Zusammenarbeit. Mit dem Warm-up Superschurke und Superheldin gelingt dies auf spielerische Weise. 30

1.3 Kreative Zuversicht

Wenn sie aufgefordert werden, etwas zu zeichnen, zum Beispiel beim eben beschriebenen Warm-up *Superschurke und Superheldin*, reagieren viele abwehrend („Das kann ich nicht!"), als wäre die Welt in Kreative und Nicht-Kreative geteilt.

- Die gute Nachricht ist: **Jeder Mensch ist kreativ!**
- Die schlechte Nachricht ist: Die wenigsten glauben das.

Warum es an kreativer Zuversicht mangelt

Viele bekamen im Verlauf ihrer schöpferischen Entwicklung, vielleicht im Kunstunterricht, irgendwann mal ein ablehnendes Feedback. Nach dem Motto: „Was ist das denn für eine Kritzelei?" Oder sie bekamen die Empfehlung, dass ihre berufliche Zukunft im logisch-analytischen Bereich liegt. Und wofür sollten Controller*innen bitte schön kreativ sein?

All das führt dazu, dass viele Menschen ihre kreative Zuversicht verloren haben. Sie glauben womöglich, dass es so etwas wie ein Kreativitäts-Gen gibt, das ausgerechnet sie natürlich nicht haben. Das ist ein tragischer Irrglaube, der zudem das Denken ausbremst. Im schlimmsten Fall führt er zu der Haltung: „Für Ideen sind die anderen zuständig." Doch um das Maximum an Ideen aus einem Workshop herauszuholen, sind alle gefordert.

Nicht zu viel nachdenken

Wie können wir also diese kreative Zuversicht zurückgewinnen? Widerständen und großen Herausforderungen begegnet man am besten in kleinen Schritten. Und mit Spaß. Wenn es gar nicht das Ziel ist, dass eine Zeichnung schön sein soll, malt es sich gleich viel befreiter.

Von Kindern lernen

Wir können uns ein Beispiel an Kindern nehmen, sie machen es genau richtig: Sie malen einfach drauflos. Und fragen sich erst gar nicht, ob sie das können. In Kinderzeichnungen liegt trotzdem häufig eine besondere Qualität: weil mit rudimentären Formen eine Darstellung oder eine Idee genau auf den Punkt gebracht wird. Und so können auch wir – im Erwachsenenalter – jede Idee mit wenigen Mitteln visualisieren.

Abb. 3: Einfach drauflosszeichnen – was Kindern Freude macht, fällt Erwachsenen oft schwer. Dabei ist nicht viel zeichnerisches Können nötig. Es geht beim Visualisieren darum, ein wesentliches Merkmal zu erfassen. Mit einem ***Fadenporträt*** *lässt sich das üben.*

Das Fadenporträt

Um kreative Zuversicht zu vermitteln, wenden wir das Warm-up *Fadenporträt* an. Dabei zeichnen sich die Teammitglieder gegenseitig mit einem einzigen Strich, ohne dabei auf das Blatt zu blicken. Die Ergebnisse reichen von abstrakter Klarheit bis hin zu chaotischen Strichverläufen. Doch um Schönheit geht es ja nicht. Es geht darum, ein wesentliches Merkmal einer Person festzuhalten. Auf den Fadenporträts ist solch ein charakteristisches Merkmal in der Regel erkennbar, zum Beispiel ein Schnurrbart oder eine Brille. Damit sind die wesentlichen Anforderungen an eine schnelle Visualisierung bereits erfüllt.

Viele denken von sich, dass sie nicht kreativ sind. Das ist ein Irrglaube, der in einem Workshop den Ideenfluss schmälert. Mit dem Warm-up Fadenporträt wird allen bewusst, dass jede und jeder über kreative Talente verfügt. Gleichzeitig wird die Gruppe im visuellen Denken geschult.

1.4 Galerie der Leidenschaften

In uns allen schlummern ungenutzte Talente und Potenziale. Wenn sich diese für einen Workshop nutzen lassen, erhöhen sich der Energielevel und die Ergebnisqualität automatisch.

Die Leidenschaften der Teammitglieder

Oftmals liegen unsere Talente im Verborgenen, weil sie nur im privaten Bereich zum Vorschein kommen und wir gar nicht auf die Idee kommen, wie wertvoll sie für den Job sind. Mit dem Warm-up *Galerie der Leidenschaften* ändern wir genau das. Folgendermaßen wird vorgegangen:

1. Leidenschaften aufschreiben

Jede und jeder schreibt auf einen Zettel eine Leidenschaft oder ein besonderes Interesse, von dem die anderen vermutlich nichts wissen. Das kann zum Beispiel ein Hobby wie 3-D-Bogenschießen sein. (Ja, das gibt es tatsächlich. In einem unserer letzten Workshops war ein Teilnehmer mit diesem Hobby. Dabei wird auf speziellen Parcours statt auf Zielscheiben auf dreidimensionale Nachbildungen von Tieren geschossen.)

2. Zettel mischen und auslosen

Nachdem alle ihre Leidenschaften auf einen Zettel geschrieben haben, werden die Zettel in einem Hut oder einer Box gesammelt. Alle Zettel werden durchmischt und anschließend nehmen sich alle Teilnehmer*innen wieder einen heraus.

3. Die Person finden

Dann gilt es, die betreffende Person zu finden, die hinter der jeweiligen Leidenschaft steht. Wer aus der Gruppe macht wohl das 3-D-Bogenschießen? Man wird überrascht sein, wenn die zierliche Frau Klein aus der Buchhaltung in ihrer Freizeit zum Boxtraining geht. Oder der harte Knochen aus dem Controlling eine Leidenschaft für Lyrik und Poesie hat.

*Abb. 4: Bei der **Galerie der Leidenschaften** lernen die Teilnehmer*innen Hobbys und Interessen ihrer Kolleg*innen aus dem privaten Bereich kennen, die vorher im Team vielleicht gar nicht bekannt waren.*

Fallschirmspringen für den Job

Es ist nicht nur hochinteressant, etwas über die Passionen der Kolleg*innen zu erfahren, sondern auch sehr relevant. Zum einen lernt sich die Gruppe besser kennen. Zum anderen hilft es dabei, stereotype Denkweisen abzulegen. Menschen sind vielschichtiger, als wir glauben. Gleichzeitig schlummern in privaten Leidenschaften auch wertvolle Ressourcen für den Job. Wer beispielsweise Fallschirmspringerin ist, muss nicht nur mutig sein, sondern auch gründlich Sicherheitsvorkehrungen einhalten. Diese Mischung aus Mut und Sorgfalt könnte genau die richtige Grundlage für das anstehende Auslandsprojekt sein.

- **Aus der Praxis:** *Die Firma 3M, die uns unter anderem die wunderbaren Post-its beschert hat und als eines* *der innovativsten Unternehmen der Welt gilt, veranstaltet einmal im Jahr in ihrer deutschen Niederlassung den Tag der Leidenschaften, an dem alle ihre Passion mit in die Firma bringen. Dies bildete die Inspiration für unser Warm-up.*

Wenn man die vorhandenen Leidenschaften in der Gesamtgruppe teilen möchte, kann man auch eine Vorstellungsrunde anknüpfen lassen oder alle Zettel an einer Wäscheleine im Raum aufhängen.

*Für das Gelingen eines Workshops ist das kreative Zusammenspiel der Teilnehmer*innen entscheidend.* 30

- *Interdisziplinarität, Hierarchiefreiheit und Autonomie sind wesentliche Grundprinzipien für erfolgreiche Kreativprozesse.*
- *Es verbessert die Zusammenarbeit, wenn sich die Teammitglieder ihrer Stärken und Schwächen bewusst werden.*
- *Damit in einem Workshop neue Ideen hervorgebracht werden, brauchen die Teilnehmer*innen kreative Zuversicht.*
- *In den persönlichen Leidenschaften der Menschen schlummern Talente, die auch für den Beruf und die Mitwirkung in einem Workshop genutzt werden können. Mit dem Warm-up Galerie der Leidenschaften werden diese wertvollen Ressourcen offengelegt.*

30 MINUTEN

Wieso sollte der Chef in die Rolle des Praktikanten schlüpfen?

Seite 26

Was kann ein neuer, fantasievoller Jobtitel bewirken?

Seite 29

Warum ist es sinnvoll, sein eigenes Unternehmen zu killen?

Seite 35

2. Perspektivenwechsel – die Würze im Workshop

Von dem berühmten Kreativitätsforscher und Kognitionswissenschaftler Edward de Bono stammt sinngemäß der Satz: „Das Gehirn ist eine Maschine, die Klischees produziert.“ Unser Denken beginnt als ein kleiner Bach, der mal links, mal rechts durch die Landschaft fließt und im Laufe des Lebens ein immer tieferes Flussbett formt. Dieser Fluss, beziehungsweise unser Denken, folgt immer stärker den vorgegebenen Bahnen. Das ist zwar bequem, aber nicht unbedingt hilfreich. Zumindest nicht, wenn man auf neue Ideen kommen will. In einem Workshop sollten wir uns daher von diesen allzu starren Denkmustern lösen. Das ist leichter gesagt als getan. Denn von sich aus macht das unser Gehirn nicht. Wir müssen es quasi überlisten, um eine andere Richtung einzuschlagen. Am besten gelingt dies durch verordnete, zielgerichtete Perspektivenwechsel. Dann können wir sogar auf Knopfdruck kreativ sein – zumindest wenn der richtige Knopf gedrückt wird.

2.1 Rollentausch

In vielen Workshops stellt sich das Problem, dass man vorher schon genau weiß, was Herr Müller und Frau Meier zu bestimmten Ideen sagen werden. Als Sicherheitsbeauftragter wird Herr Müller stets auf die Gefahren hinweisen und als Controllerin wird Frau Meier jede Idee als zu teuer abtun. Sie können quasi nicht anders: Sie agieren aus ihren Rollen heraus. Dafür werden sie bezahlt. Was im angestammten Tätigkeitsbereich sehr sinnvoll ist, wird in einem Workshop zum Problem. Denn dort sollte zunächst einmal jede Idee zugelassen werden.

Warum vor allem die Chefrolle problematisch ist

Besonders problematisch wird es, wenn der Chef oder die Chefin an einem Workshop teilnimmt und aus einer tradierten Führungsrolle heraus agiert. Das heißt:

- Er oder sie will das letzte Wort haben, bestimmt darüber, wer wann spricht, und weiß, wo's langgeht.
- Gleichzeitig agieren alle anderen ebenfalls aus ihrer Rolle heraus und reden dem oder der Vorgesetzten nach dem Mund oder trauen sich nicht, offen ihre Meinung zu sagen.

Hierfür gibt es eine einfache Lösung: Man schließt den Chef oder die Chefin vom Workshop aus. Für viele Vorhaben ist das durchaus sinnvoll. Für manche kann es aber auch von großem Vorteil sein, wenn jene, die entscheiden, von Anfang an in die Ideenfindung involviert sind und die Lösung dadurch mittragen. In diesem Fall bietet sich ein *Rollentausch* an.

*Abb. 5: Beim **Rollentausch** wird ein Perspektivenwechsel möglich. Gerade für die Führungskraft kann eine neue Rolle im Workshop zudem sehr sinnvoll sein, um zu verhindern, dass sie als „Alphatier" den Workshop zu stark dominiert.*

Den Chef zum Praktikanten machen

Wenn wir im Vorfeld eines Workshops merken, dass ein Alphatier alle anderen voraussichtlich hemmen wird, so „degradieren" wir die betreffende Person kurzerhand. Sie bekommt dann gleich zu Beginn des Workshops einen neuen Titel und wird vor den Augen aller Teilnehmer*innen beispielsweise zum Praktikanten oder zur Praktikantin „befördert". Die Aufgabe ist für diesen Tag dann klar festgelegt: Man ist für das Protokollieren zuständig. Alle Ideen und Meinungen dürfen nur aus der Sicht eines totalen Neulings eingebracht werden. Und selbstverständlich gilt es, sich zurückzuhalten.

Für die Teilnehmer*innen ist es meist eine große Freude, den frisch gewonnenen Praktikanten beziehungsweise die neue Praktikantin immer wieder zu beauftragen, um zum Beispiel das Zeitmanagement im Auge zu behalten oder neue Getränke zu holen, oder ihn oder sie daran zu erinnern, beim Protokollieren leserlich zu schreiben. Von den vielen Methoden, die wir in einem Workshop einsetzen, ist dieser kleine, aber entscheidende Rollentausch eine extrem effektive Maßnahme.

Selbstverständlich gibt es für die Führungsperson in einem Workshop auch noch weitere schöne Rollen neben der des Praktikanten oder der Praktikantin. Der Fantasie sollen da keine Grenzen gesetzt sein.

30 ***In einem Workshop agieren die meisten aus ihren beruflichen Rollen und den damit verbundenen Denkmustern heraus. Das behindert den Ideenfluss. Eine wirksame Methode, um dem entgegenzuwirken, ist der Rollentausch. Dann bekommt zum Beispiel der Boss die Rolle des Praktikanten. In dieser Rolle muss er sich zurückhalten und Ideen aus der Perspektive des absoluten Neulings einbringen.***

2.2 Creative Job Poker

Wie wäre es, einmal jemand ganz anderes zu sein? Wie wäre es, wenn auf der Visitenkarte nicht „Bereichsleiter Sanitärprodukte“, sondern „Chief Destruction Officer“ steht? Mit dem Chefposten für kreative Zerstörung würde man ganz anders auf so manche Fragestellung blicken.

Abb. 6: In einer neuen Rolle bewertet man Situationen ganz anders als bisher und kommt so auf neue Ideen. Eine gute Methode, um diesen Perspektivenwechsel zu fördern, ist ***Creative Job Poker****.*

Was neue Jobtitel bewirken können

Die Methode *Creative Job Poker* lässt sich ganz einfach anwenden: Alle Teammitglieder bekommen zeitweise einen neuen Jobtitel zugewiesen. Aus der Perspektive ihrer neuen Position blicken sie dann auf die Fragestellung, um die es im Workshop geht, sei es die Herausforderung, neue Kund*innen zu gewinnen, oder die Weiterentwicklung einer Idee, die noch nicht überzeugt. Die neuen Jobtitel helfen dabei, sich von der angestammten Rolle und den damit einhergehenden Denkmustern zu lösen.

Aus einem Basis-Set an Titeln wählen

Damit eine möglichst große Vielfalt an Perspektiven für das Team entsteht, haben wir ein Basis-Set an Titeln entwickelt, die beliebig miteinander kombiniert werden können. Einfach drei Begriffe nach persönlichem Gusto zusammenmixen oder von der Moderation zuweisen lassen:

Position	Bereich	Funktion
Corporate	Biography	Coordinator
Senior	Games	Officer
Chief	Storytelling	Therapist
Junior	Destruction	Trainer
Team	Inspiration	Promoter
Freelance	Mobility	Manager
International	Art	Supervisor

Die Strategie der Corporate Games Trainerin

Mit den neuen Titeln und den entsprechenden Perspektiven blicken dann alle Teammitglieder auf die Fragestellung, um die es geht.

- **Beispiel:** *Wenn es um ein neues Weiterbildungsprogramm geht, wird die Coporate Games Trainerin vermutlich dafür plädieren, dieses viel spielerischer zu gestalten. Oder die Lernerfolge in Form eines Quiz abzufragen.*

Für die Ideenvielfalt hilft es ungemein, sich aus verschiedenen Blickwinkeln einer Herausforderung zu nähern. Der große Vorteil bei dieser Methode ist: Man wird dazu motiviert, auch verrückte Ideen zuzulassen. Schließlich wird der Vorschlag nicht von Herrn Meier, Bereichsleiter Sanitär, sondern vom Senior Storytelling Therapist eingebracht.

Warum nur Fantasietitel?
Dass man nicht genau weiß, was sich hinter diesen Fantasietiteln verbirgt, ist gewollt. Denn dann können sie mit der Vorstellungskraft der Teilnehmer*innen ausgefüllt werden. So kommt frischer Wind ins Unternehmen.

Indem man sich in neue Jobs und Rollen hineinversetzt, lassen sich auch klassische hierarchische Unternehmensstrukturen durchbrechen. Mithilfe dieses spielerischen Ansatzes werden häufig Themen aufgedeckt, die bisher unbeachtet geblieben sind. Und auch Menschen, die sonst möglicherweise nicht in bestimmte Probleme eingebunden werden, erhalten eine Stimme und nehmen einen neuen Blickwinkel ein.

30 ***Bestehende Positionen und Jobtitel engen den Blickwinkel und damit das kreative Potenzial ein. Mit der Methode Creative Job Poker bekommen alle Teammitglieder Fantasietitel zugewiesen, welche die Perspektivenvielfalt erhöhen und zum freien Denken anregen.***

2.3 Ruhe in Frieden

Wie viel uns etwas bedeutet, spüren wir meist erst dann, wenn es nicht mehr da ist. Dann wird uns bewusst, wie sehr der Verlust uns schmerzt – oder sind überrascht, wie wenig uns das ausmacht. Um zu erfassen, welche Bedeutung das eigene Unternehmen für die Kund*innen oder die Gesellschaft hat, hilft es, eine Grabrede auf dieses zu verfassen.

Eine Grabrede fürs eigene Unternehmen

Wie es bei Grabreden üblich ist, werden die besonderen Charaktereigenschaften des Verstorbenen benannt. Es wird darauf hingewiesen, welche große Lücke entsteht und woran man sich erinnern wird. Was wird im Gedächtnis bleiben?

Abb. 7: Das eigene Unternehmen zu Grabe tragen klingt makaber? Eine für diesen Anlass verfasste ***Grabrede*** *kann aber helfen, sich all die Aspekte des Unternehmens bewusst zu machen, die wirklich zählen und die man vermissen würde.*

Zu dem, was das Unternehmen ausmacht, sollen sich alle im Team ca. zehn Minuten Gedanken machen und ihre Grabrede zu Papier bringen. Anschließend tragen sich die Teammitglieder die Grabreden gegenseitig vor. Da der Verlust nur theoretischer Natur ist, darf durchaus auch etwas Humor mit einfließen.

Der Gedanke ans Ende lässt niemanden kalt

Diese Übung ist sehr gut geeignet, um einen Workshop zu starten. Zum einen hat die Aufforderung, eine Grabrede zu verfassen, eine Wirkung wie eine kalte Dusche. Der Gedanke, dass es das 150 Jahre alte Unternehmen, in dem man arbeitet, nicht mehr gibt, ist schockierend – oder zuweilen auch befreiend. Wie auch immer: Der Gedanke an das Ende setzt auf jeden Fall Emotionen frei – und das ist gewollt. Schließlich sollen alle im Workshop mit Herzblut dabei sein.

Auf der Suche nach dem strategischen Fokus

Noch entscheidender ist bei diesem Perspektivenwechsel natürlich der Erkenntnisgewinn. Durch die Formulierung einer Grabrede für das eigene Unternehmen wird deutlich, was dieses einzigartig macht. Das ist äußerst hilfreich, um einen strategischen Fokus zu finden – insbesondere dann, wenn man sich womöglich durch zu viele unterschiedliche Aktivitäten in der Vergangenheit verzettelt hat.

Botschaften identifizieren

Ebenso hilfreich ist diese Übung, wenn es darum geht, wesentliche Botschaften und Schwerpunkte für die Kommunikation des Unternehmens zu identifizieren:

- Welche Botschaften sollen bei den Kund*innen im Vordergrund stehen?
- Was macht das Unternehmen wirklich aus und wie kann sich dies in den verschiedenen Marketingmaßnahmen ausdrücken?
- Was soll stärker betont werden?
- Wofür will man in Zukunft stehen?

Verschieden Sichtweisen kombinieren

Zu diesen Fragestellungen wird es unterschiedliche Ansichten geben. So ist es äußerst interessant, mit den verschiedenen Grabreden auch die verschiedenen Sichtweisen innerhalb des Teams zu erfassen. Wenn es bei zehn Teilnehmer*innen zehn völlig unterschiedliche Wahrnehmungen gibt, was das Unternehmen einzigartig macht: Wie lässt sich dann ein klares Bild bei den Kund*innen vermitteln?

Vom Ende her denken, um einen neuen Anfang zu finden – darum geht es bei der Methode Ruhe in 30
Frieden. Durch die Formulierung einer Grabrede auf das eigene Unternehmen wird deutlich, was dieses einzigartig macht. Diese Erkenntnis hilft bei verschiedenen Fragestellungen, zum Beispiel bei der Neuausrichtung des Unternehmens oder beim Ermitteln von Botschaften fürs Marketing.

2.4 Kill your Business

Im Silicon Valley lautet ein geflügelter Spruch: „Uber yourself before you get Kodak'ed." Damit es einem nicht so geht wie dem Weltunternehmen Kodak, das zu lange an der Analogfotografie festhielt und kolossal pleiteging, soll man lieber sein eigenes Kerngeschäft angreifen. Sonst tut es jemand anderes.

*Abb. 8: Sich auf seinem Erfolg auszuruhen und an Bewährtem festzuhalten, das kann sich heute kein Unternehmen mehr leisten. Wer den Anschluss verpasst, wird viel zu schnell abgehängt. Wie lässt sich das verhindern? Bei **Kill your Business** geht es darum, potenziellen Wettbewerbern zuvorzukommen.*

Warum es so wichtig ist, das eigene Unternehmen zu hinterfragen

In unseren digital vernetzten Zeiten ist es gefährlich, sich in falscher Sicherheit zu wiegen. Branchengrenzen lösen sich auf und Wettbewerber können von allen Seiten kommen.

Die Lebensdauer von öffentlich gelisteten Unternehmen hat in den letzten Jahren rapide abgenommen. 1970 lag sie bei knapp 60 Jahren, heute beträgt sie nur noch gut die Hälfte. Sich an diese Faktenlage immer mal wieder zu erinnern, hilft dabei, das eigene Unternehmen und Geschäftsmodell auf den Prüfstand zu stellen. Damit dies in systematisierter Form geschieht, haben wir eine entsprechende Methodik namens *Kill your Business* entwickelt.

Den Untergang planen, um fortzubestehen

Bei *Kill your Business* spielt das Team in vier Schritten den Untergang des eigenen Unternehmens durch. Natürlich zu dem Zweck, damit dieser nicht eintritt! Ziel ist, am Ende eine strategische Antwort auf drohende Gefahren zu finden.

Folgende Anfangssätze gilt es weiterzuführen beziehungsweise es ist sinnvoll, sich hierzu Notizen zu machen:

1. *Unser Geschäftsmodell fliegt dann auseinander, wenn ein Wettbewerber es schafft ...*
2. *Unser Angebot ist dann nichts mehr wert, weil ...*
3. *Der Wettbewerber, der uns in die Knie zwingt, kommt aus ... (Branche, Land etc.)*
4. *Wenn dieses Szenario wahr wird, ist unsere Strategie ...*

Blick von außen gegen Betriebsblindheit

Um die eigenen blinden Flecken auszuleuchten, hilft es, bei dieser Übung Außenstehende miteinzubinden. Das kann zum Beispiel ein Kunde, eine externe Expertin oder ein Start-up-Unternehmer sein, also

Menschen mit Distanz, die aber gleichzeitig über Expertise verfügen. Die Erfahrung zeigt, dass sich die meisten Personen innerhalb des Unternehmens in falscher Sicherheit wiegen und daher den Blick von außen benötigen.

Bei einer größeren Gesamtgruppe kann es hilfreich sein, diese auf kleinere Arbeitsgruppen von drei bis fünf Personen aufzuteilen. Es ist spannend, wenn sich herausstellt, dass die unterschiedlichen Gruppen auch verschiedene Bedrohungen und Lösungen erkennen.

Nichts ist so gefährlich wie der Erfolg

Wer sich jetzt sagt: „Diese Übung brauchen wir nicht. Dafür ist unsere Position viel zu stark“, sollte sich zum einen noch mal an Kodak erinnern und zum anderen an Amazon-Gründer Jeff Bezos ein Beispiel nehmen:

- *Obwohl kein anderes Unternehmen den globalen Online-Handel so sehr dominiert wie Amazon, schwor Bezos in seiner Zeit als CEO seine Führungskräfte immer wieder darauf ein: „Eines Tages wird es Amazon nicht mehr geben. Eines Tages wird ein Konkurrent an uns vorbeiziehen.“ Bezos gab daher als oberste Losung „Day One“ aus: Jede und jeder im Unternehmen sollte sich so verhalten, als wäre es der erste Tag – sich also nicht auf der Größe oder dem Vorsprung ausruhen. Denn nichts ist so gefährlich wie der Erfolg.*

Es lohnt sich daher, mindestens einmal im Jahr die *Kill-your-Business*-Methode anzuwenden. Dieser Perspektivenwechsel hilft nicht nur beim Überleben, sondern macht auch viel Spaß. Es ist erstaunlich, welche mentalen Energien freigesetzt werden, wenn es darum geht, sich gegen potenzielle Angreifer zu wappnen.

30

Das menschliche Denken orientiert sich an Mustern. Gezielte Perspektivenwechsel überlisten das Gehirn und ermöglichen es dadurch, aus diesen Denkmustern auszubrechen.

- ***Oftmals sind es berufliche Rollen, die den Ideenfluss behindern. Durch einen Rollentausch lässt sich dies ändern.***
- ***Ungewöhnliche Jobtitel lassen die Teilnehmer*innen aus einer neuen Perspektive auf ihre Herausforderung blicken.***
- ***Durch die Formulierung einer Grabrede auf das eigene Unternehmen wird deutlich, was dieses einzigartig macht.***
- ***Nichts ist so gefährlich wie der Erfolg. Mit der Kill-your-Business-Methodik wird daher aus der Perspektive eines potenziellen Angreifers auf das eigene Unternehmen geblickt. Wer seine Achillesferse kennt, kann diese Schwäche durch kreative Ideen und Strategien wettmachen.***

30 MINUTEN

Warum sind Fragen wichtiger als Antworten, um auf gute Ideen zu kommen?

Seite 42

Wie kann sich eine Zahnarztpraxis von einem Fitnessstudio inspirieren lassen?

Seite 46

Wie lässt sich der Ja-aber-Reflex wirksam in den Griff bekommen?

Seite 55

3. Ideenentwicklung – goodbye, Brainstorming

Die meisten Workshops werden gemacht, weil man auf der Suche nach neuen Ideen ist. Dann heißt es: „Lasst uns mal ein Brainstorming machen!" Keine andere Methode ist so verbreitet wie das von Alex Osborn 1939 entwickelte Brainstorming. Und das, obwohl die Methode große Schwächen hat. Etliche Studien kommen sogar zu dem Ergebnis, dass Brainstorming nichts nützt. Das Denken in der Gruppe funktioniert nicht besser, weil die Teilnehmer*innen sich gegenseitig blockieren und beeinflussen. Es hemmt die Menschen in ihrer Kreativität, wenn sie warten müssen, bis eine andere Person ausgeredet hat. Allein nachdenkende Menschen entwickeln sehr viel mehr und originellere Einfälle. Hinzu kommen gruppendynamische Effekte, etwa dass alle der Denkrichtung der Führungskraft folgen. Der Vorteil der Brainstorming-Methode liegt nicht im kreativen Output, sondern im Sozialen. Es lassen sich viele Menschen einbinden. Doch wer wirklich originelle Ideen entwickeln möchte, sollte im Workshop andere Methoden einsetzen.

3.1 Questionstorming

Ein äußerst effektiver Weg, um auf gute Ideen zu kommen, besteht darin, keine Ideen zu entwickeln – sondern Fragen. Genau das steht im Zentrum der Methode *Questionstorming*.

Was ist eigentlich das Problem?

Wenn wir sofort anfangen, nach Lösungen für ein Problem zu suchen, bekommen wir zwar vielleicht interessante Ideen – aber womöglich für das falsche Problem.

- **Beispiel:** *Die Führungsmannschaft einer großen Handelskette ist unzufrieden mit der Leistung ihres Verkaufsteams und sucht nach Wegen, wie sie dieses stärker motivieren kann. Wie so oft soll der Absatz angekurbelt werden. Schnell kommen Ideen wie: Lasst uns die Prämien für bessere Verkaufszahlen erhöhen. Oder: Der Verkaufsstar des Monats kommt auf die Titelseite der Mitarbeiterzeitung. Auf den ersten Blick sind das plausible Ideen. Doch was ist hier eigentlich das Problem: Wissen wir überhaupt, wie es um die Motivation der Verkaufstruppe bestellt ist? Wissen wir, was sie motiviert? Und was wäre, wenn wir die Leute einfach mal fragen würden? Fragen wie diese helfen dabei, zum Kern eines Problems vorzudringen und dieses besser zu verstehen.*

Abb. 9: Manchmal kommt es vor allem darauf an, die richtigen Fragen zu stellen. Bei der Methode ***Questionstorming*** *steht daher nicht die Suche nach Lösungen im Fokus, sondern die nach dem eigentlichen Problem.*

Die Antworten liegen in den Fragen

Es lohnt sich, unseren Wunsch nach schnellen Antworten hintanzustellen, da diese oft alles andere als zielführend sind. Beim *Questionstorming* wird daher damit gestartet, ganz viele Fragen rund um ein Problem oder eine Herausforderung zu sammeln. Das Team stellt sich idealerweise vor ein Flipchart. Reihum schreibt dann jede und jeder die Frage auf, die ihr oder ihm zu dem Thema durch den Kopf geht. Das geht in einem digitalen Workshop auf einem gemeinsamen Worksheet ebenso. Dabei ist Folgendes wichtig:

1. Im Stillen Fragen sammeln
Alle Fragen sollen so aufgeschrieben werden, wie sie in den Sinn kommen, und vor allem sollten sie nicht kommentiert oder diskutiert werden.

2. Mindestens 30 Fragen notieren
Ein weiteres Prinzip ist, dass das Team mindestens 30 Fragen notiert. Bei Frage Nummer 20 mag sich das Gefühl einstellen: „Puh, jetzt ist doch schon alles gefragt!" Aber das ist genau die Extrameile, die das Gehirn gehen muss.

Warum muss das Gehirn eine Extrameile gehen?
Unser Denkapparat neigt zur Ressourcenschonung. Für spannende neue Perspektiven müssen wir unser Hirn etwas triezen. Die Erfahrung lehrt, dass es oft die letzten Fragen sind, die eine neue Perspektive auf ein Problem lenken. Hinter diesen neuen Perspektiven verbirgt sich häufig der Kern des Problems und ebnet die Bahn für einen Lösungsweg. Durch das Sammeln von Fragen weiten wir das Denken und engen unser Blickfeld nicht von vornherein ein.

3. Die Fragen bewerten und diskutieren
Wenn die erforderliche Zahl von Fragen notiert wurde, sollten alle Teammitglieder jeweils ihre Top 3 markieren. Jene Fragen, welche die meisten Punkte bekommen, werden dann im Team diskutiert:

- Warum sind gerade diese Fragen so wichtig?
- Was verbindet die Fragen miteinander?
- Wie könnten sie uns bei der Lösung des Problems helfen?

Erst danach ist es sinnvoll, in einen weiteren Ideenfindungsprozess einzusteigen.

Dumme Fragen sind die besten Fragen

Das *Questionstorming* hat neben den genannten Vorteilen noch den folgenden: Alle im Team können sich einbringen. Wenn es um das Vortragen von Ideen geht, sprechen häufig nur die vermeintlichen Expert*innen. Andere Perspektiven kommen damit zu kurz. Fragen können hingegen alle formulieren. Und die vermeintlich „dummen" Fragen bringen häufig am meisten weiter.

Kinderfragen stellen

Es lohnt sich, alle im Team zu Fragen zu motivieren, wie sie Kinder stellen würden, zum Beispiel möglichst viele Warum-Fragen. Ebenso hilfreich sind Was-wäre-wenn-Fragen, weil sie die Perspektive in die Zukunft lenken. Zum Beispiel: „Was wäre, wenn wir unseren nächsten Workshop in einer Kunstgalerie machen?"

Es sind vor allem die Fragen, die uns zu neuen Ideen und Lösungen führen. Deswegen ist das Sammeln von Fragen, das Questionstorming, eine äußerst effektive Kreativmethode. Ein weiterer Vorteil ist, dass dabei alle mitwirken können und nicht nur die vermeintlichen Expert*innen zu Wort kommen.

3.2 Cross Innovation

Innovation entsteht immer dann, wenn neue Verknüpfungen hergestellt werden, die es so vorher noch nicht gab. Denken wir an den Trolley. Wie genial ist es, dass Koffer Rollen bekommen haben? Man fragt sich, wieso sich die Menschen zuvor jahrzehntelang mit Koffern ohne Rollen abgemüht haben. Wenn das Neue erst einmal da ist, dann erscheint es naheliegend. Doch bis dahin ist es ist oftmals ein weiter Weg und das Ergebnis eines Zufalls. Vielleicht hatte jemand seinen Koffer auf ein Skateboard gestellt und so entstand die Idee. Wir können den Zufall nicht erzwingen, aber wir können ihm eine größere Chance geben. Genau das passiert bei der *Cross-Innovation*-Methode. Bei diesem Ansatz werden Welten zusammengebracht, die nicht zusammengehören, zum Beispiel die Zahnarztpraxis und das Fitnessstudio. Das erscheint auf den ersten Blick nicht stimmig. Aber beide Welten können sich voneinander inspirieren lassen und dies als Grundlage für ihre Ideenentwicklung nutzen.

- **Beispiel:** *So könnte die Zahnarztpraxis vom Fitnessstudio etwa das Prinzip der monatlichen Mitgliedschaft übernehmen. Warum kein Abo für die professionelle Zahnreinigung? Als eine Art Wartungsvertrag mit der Fünf-Jahre-Biss-Garantie. Das Fitnessstudio wiederum könnte mit einem ausgefeilten Hygienekonzept punkten, wie wir es von einer medizinischen Einrichtung gewöhnt sind.*

Zusammenfügen, was nicht zusammengehört

Wer mit wachen Augen durch die Welt geht, wird etliche Beispiele finden, bei denen die Besonderheit eines Angebots in der ungewöhnlichen Kombination seiner Bestandteile liegt.

- **Beispiel:** *Bei der „Memobottle" kreuzten zwei australische Designer eine herkömmliche Trinkflasche mit einem DIN-A5-Blatt. Heraus kam eine extrem flache Trinkflasche mit minimalistischer Optik, die auch in jede Laptop-Tasche passt und damit für viele ein Problem löst.*

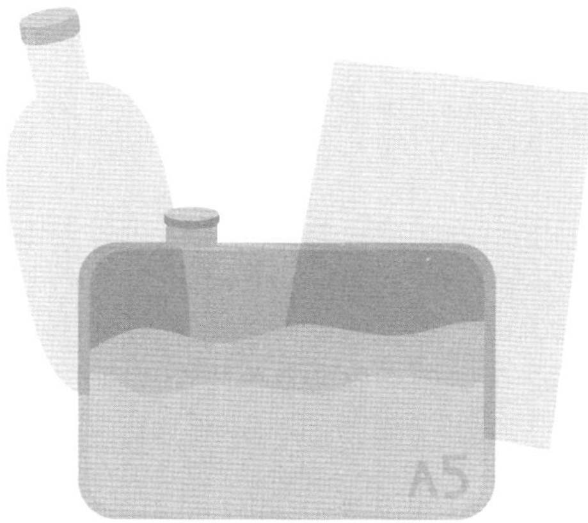

Abb. 10: Kombiniert man eine Trinkflasche mit einem Blatt Papier, erhält man die sogenannte „Memobottle“, ein gutes Beispiel für ***Cross Innovation****, bei dem durch Zusammenfügen unterschiedlicher Welten neue Ideen entstehen.*

Auch aus Deutschland kommen spannende Beispiele:

- **Beispiel:** *In Berlin gibt es die Zahnarztpraxis KU64, die nach allem aussieht, nur nicht nach einer Zahnarztpraxis. Die Inneneinrichtung ist spektakulär. Amorphe Formen in strahlendem Gelb erinnern eher an ein Raumschiff. In der Wartelounge befindet sich ein Kamin. Lässige Musik und leckerer Cappuccino-Duft lassen einen glauben, in ein Urlaubsresort einzuchecken. Nichts, aber auch gar nichts erinnert hier an Wurzelbehandlung, sodass sich auch Angstpatienten wohlfühlen. Dabei handelt es sich keineswegs um* *eine Privatpraxis, sondern sie steht allen Kassen offen. In unseren Workshops zeigen wir gerne dieses Beispiel, um das Cross-Innovation-Prinzip zu verdeutlichen.*

Dem Zufall eine Chance geben

Als Kreativmethode zur Ideenentwicklung kommt der Ansatz folgendermaßen zum Einsatz:

1. Das Workshop-Team sammelt zunächst einmal Assoziationen zur eigenen Branche. Handelt es sich beispielsweise um einen Modehändler, würden wahrscheinlich Begriffe wie „Luxus", „Model" oder „Glamour" fallen.
2. Im nächsten Schritt wird eine beliebige andere Branche für die Ideenfindung herangezogen. In unserem fiktiven Fall sucht der Modehändler nach einer ungewöhnlichen Idee für seine nächste Fashion-Show. Spielen wir einmal den Fall durch, die andere Branche wäre „Landwirtschaft". Auch hierzu werden Assoziationen gesammelt: „Kühe", „Acker", „Bauernhof".
3. Danach werden die Assoziationen aus den zwei Branchen beliebig miteinander kombiniert, um auf neue Ideen zu kommen. So findet die nächste Fashion-Show womöglich in der Scheune vom benachbarten Biobauernhof statt. Anstelle von Kanapees gibt es ehrliche Brotstullen.

Branchenauswahl

Es ist das Unerwartete, das den Reiz ausmacht. Hier sind ein paar Branchen beispielhaft aufgeführt, aus denen ein Workshop-Team zum Crossing mit der eigenen Branche wählen kann:

- Gastronomie
- Mode
- Gesundheit
- Medien
- Wohnen
- Informationstechnologie
- Mobilität
- Lebensmittel
- Handel
- Tourismus

Die Erfahrung zeigt, dass besonders spannende Ideen entstehen, wenn die Branchen nicht zu nah aneinander, aber auch nicht zu weit voneinander entfernt sind. Letztlich weiß man es aber vorher nicht. Es sind die ungeplanten Assoziationsketten, die im Gehirn in Gang gesetzt werden. Die *Cross-Innovation*-Methode ist ein Spiel mit dem Zufall und genau der wird für neue Ideen benötigt.

30 *Innovationen entstehen durch Verknüpfungen, die es so vorher noch nicht gab. Dieses Prinzip macht sich die Cross-Innovation-Methode zunutze. Dabei werden durch das kreative Kreuzen zweier Branchen neue Produkt- und Service-Ideen entwickelt.*

3.3 Mirror Thinking

Es fällt uns verständlicherweise schwer, gleichzeitig in die eine wie in die andere Richtung zu blicken. Wir haben nun mal unsere Augen nur auf der einen Seite des Kopfes. In zwei Richtungen zugleich zu blicken, das gelingt einzig der zweigesichtigen Gottheit Janus aus der römischen Mythologie. Es ist nachvollziehbar, dass wir im Vergleich zu Janus ein eingeschränktes Blickfeld haben.

In zwei Richtungen zugleich denken

Mit dem Denken ist es ganz ähnlich: Wir können nicht gleichzeitig in die eine wie in die gegenteilige Richtung denken. Diese natürliche Limitierung will die Methode *Mirror Thinking* überlisten. Denn es ist äußerst fruchtbar für die Ideenfindung, Gegensätzliches in einem Gedankengang zu vereinen.

- **Beispiel:** *Wie können wir Menschen gesund machen, indem wir sie krank machen? Klingt bescheuert, ist aber die Grundlage moderner Immunologie. Der Körper bekommt eine kleine Dosis des Erregers verabreicht, woraufhin unser Organismus Antikörper entwickelt und daraufhin immun ist.*

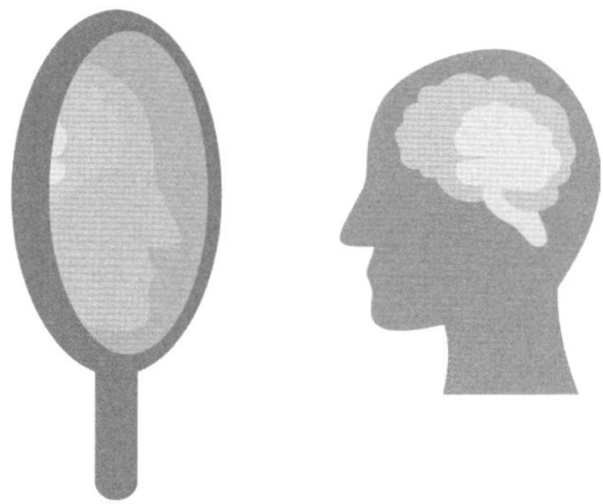

Abb. 11: Gegensätzliches zu denken ist beinahe so schwer wie zugleich in zwei verschiedene Richtungen zu blicken. Die Methode ***Mirror Thinking*** *macht es dennoch möglich, indem sie Gedanken spiegelt und Gegensätze vereint.*

Widersprüche sind Sprungbretter für Ideen

Der Havard-Professor Albert Rothenberg hat den kreativen Prozess in der Wissenschaft über einen längeren Zeitraum hinweg erforscht. Dabei hat er festgestellt, dass viele bahnbrechende Entdeckungen und Erfindungen auf dem Prinzip basieren, dass Gegensätze vereint werden. Es lohnt sich also, dieses Prinzip in einer Kreativmethode zu nutzen. Wir nennen sie *Mirror Thinking,* weil unsere Gedanken dabei gespiegelt werden. Ihre Anwendung ist äußerst einfach und zugleich extrem effektiv. Es ist eine unserer Lieblingsmethoden in Workshops. Denn sie liefert nicht nur gute Ergebnisse, sondern macht zugleich sehr viel Spaß. Folgendermaßen funktioniert sie:

Mirror Thinking im Workshop

Am Anfang steht eine Problemlage oder eine Herausforderung – wie so oft. Diese wird gut sichtbar auf ein Flipchart oder auf das digitale Whiteboard geschrieben. Danach werden die drei folgenden Fragen der Reihe nach beantwortet:

1. *Was tun wir üblicherweise, um dieser Herausforderung zu begegnen?*
2. *Was würden wir niemals tun?*
3. *Was von dem, was wir niemals tun würden, kann uns weiterbringen?*

1. Schritt: Was tun wir üblicherweise?

Im ersten Schritt werden also zunächst einmal all die Dinge notiert, die sonst üblicherweise gemacht werden. Nehmen wir einmal an, das Vertriebsteam eines Unternehmens hat einen massiven Kundenverlust zu beklagen. Das ist die Herausforderung. Üblicherweise wird in dieser Firma dann mit Rabatten gelockt. Das hilft ein wenig, aber eben nur wenig und frisst die Gewinne auf.

2. Schritt: Was würden wir niemals tun?

Auf die zweite Frage, was man niemals tun würde, könnte eine Antwort fallen wie: „das Produkt teurer machen". Auf den ersten Blick keine gute Idee, wenn die Nachfrage sowieso gering ist. Doch genau darum geht es dann im dritten Schritt.

3. Schritt: Was davon kann uns weiterbringen?
Es geht darum, diese vermeintlich unsinnigen Ideen einmal tiefer zu beleuchten. Warum könnte es nicht doch sinnvoll sein, das Produkt teurer zu machen? Was würde den Wert aus Sicht der Kunden erhöhen? Wie wäre es, wenn nicht einfach nur das Produkt verkauft wird, sondern ein Service mitgeliefert wird, der für die Kunden ein relevantes Problem löst? Was für ein Service könnte das sein?

Verrückte Ideen setzen Kreativität frei

Das Denken in Gegensätzen löst Denkblockaden und hat einen befreienden Effekt. Die Antworten auf die Frage, was man niemals tun würde, dürfen und sollen verrückt sein. Und das macht Spaß. Viel zu oft haben wir die Schere im Kopf, was vermeintlich geht und was nicht funktioniert, was in Ordnung und was inakzeptabel ist. Dabei sind es die verrückten Ideen, die das Sprungbrett zu großen Innovationen liefern.

30 *Was würden wir niemals tun? Und warum ist genau das sinnvoll? Mit diesen Fragen spielt die Methode Mirror Thinking, bei der scheinbar Gegensätzliches vereint wird, um zu innovativen Ideen zu kommen. Die Methode löst Denkblockaden und ist äußerst effektiv.*

3.4 Plussing

Wir neigen dazu, Ideen sofort zu bewerten, und zwar nach dem Schwarz-Weiß-Schema: gut oder schlecht. Unser Gehirn mag es nicht, wenn die Dinge unklar – und damit ungeklärt – sind. Das kostet mentale Energie, die wir lieber für etwas anderes aufsparen, zum Beispiel für die Flucht vor dem Säbelzahntiger. Derlei gefährliche Wesen gibt es zwar nicht mehr, aber von unserer evolutionären Grundausstattung sind wir nach wie vor geprägt.

Dem Ja-aber-Reflex begegnen

In Workshops sollte stets die Devise gelten: Zunächst alle Ideen zulassen und später erst urteilen. Das ist leichter gesagt als getan. Der Ja-aber-Reflex lässt sich nur schwer unterdrücken. In manchen Unternehmen ist er so sehr verinnerlicht, dass neue Ideen keinerlei Überlebenschance haben. Ein Kreativ-Workshop ist damit nahezu zum Scheitern verurteilt. Doch es gibt eine Lösung beziehungsweise eine Methode für dieses Problem. Sie heißt *Plussing*. Der Name ist gewissermaßen Programm: Im Kern geht es darum, eine Idee durch ein „Plus“ besser zu machen.

Abb. 12: Damit Ideen endlich eine Überlebenschance haben, gibt es ein Gegenmittel zum allgegenwärtigen „Ja, aber": Die Methode ***Plussing*** *zielt darauf ab, eine Idee besser zu machen, statt sie zu zerreden.*

Das gewisse Extra

Die Methode geht auf Walt Disney zurück, der die Zuschauer*innen seiner Trickfilme und die Besucher*innen der Erlebnisparks stets mit einem zusätzlichen Extra begeistern wollte.

- **Aus der Praxis:** *Heute wird das Plussing sehr effektiv bei dem zum Disney-Konzern gehörendem Trickfilmstudio Pixar eingesetzt. Es gibt kein anderes Unternehmen in diesem Bereich, das so viele Preise gewonnen hat und uns so wundervolle Filme wie „Findet Nemo" beschert hat. Das Management von Pixar sagt, dass* *die Plussing-Methode einen großen Anteil daran hat. Sie wird in der täglichen Arbeit angewendet, um Ideen besser zu machen. Für einen Trickfilmzeichner oder eine -zeichnerin ist das essenziell. An einer Szene von ein paar Sekunden wird zuweilen wochenlang gearbeitet. Wenn man erst nach so langer Zeit das Feedback bekäme, dass die Arbeit nichts taugt, wäre das äußerst deprimierend und ineffektiv. So treffen sich die Zeichner*innen alle paar Tage und zeigen sich in ihrem Team die unfertigen Entwürfe. Die Kolleg*innen geben dann ein Feedback nach der Plussing-Methode.*

Drei einfache Regeln

Die *Plussing*-Methode basiert auf drei einfachen Regeln, die auch jeden Workshop besser machen. Vor allem dann, wenn es darum geht, Ideen weiterzuentwickeln. Diese Regeln lauten wie folgt:

1. Akzeptiere jede Idee.
2. Lass deine Kolleg*innen glänzen.
3. Strukturiere den Austausch.

„Ja und" statt „Ja, aber"

Die erste Regel „Akzeptiere jede Idee" bedeutet, dass ein „Ja, aber" nicht erlaubt ist. Jede Idee muss zugelassen werden, ganz egal, was man von ihr intuitiv hält. In dem Wissen, dass auch eine verrückte Idee das Sprungbrett für eine geniale Idee sein kann, wäre es grob fahrlässig, sie nicht zuzulassen. Anstelle des „Ja, aber", das sich so gern Bahn bricht, gilt es, ein „Ja und“ im Kopf zu verinnerlichen. „Ja und“ bedeutet, dass ich eine Idee annehme und diese mit meinen eigenen Gedanken verknüpfe.

Ideenentwicklung ist Teamwork
Die zweite Regel „Lass deine Kolleg*innen glänzen“ bedeutet, ihnen Wertschätzung zukommen zu lassen, und zwar indem man einen Aspekt der Idee lobend hervorhebt, zum Beispiel so: „Mir gefällt an deiner Idee, dass sie junge Leute begeistern wird, und ich könnte mir vorstellen, wenn du diesen Aspekt noch ergänzt, erreichen wir auch noch unsere älteren Zielgruppen.“

Strukturiertes Vorgehen
Die dritte Regel „Strukturiere den Austausch“ meint nichts anderes, als dass eine Person aus dem Team anfängt, die eigene Idee vorzustellen. Danach geben alle anderen der Reihe nach im Sinne des *Plussing* ihr Feedback. Dann stellt der oder die Nächste die eigene Idee vor und so geht es reihum. Die Person, die die Idee vorgestellt hat, entscheidet selbst darüber, ob und wie sie das Feedback aufgreift. Das ist eine goldene Regel bei Pixar und daher auch ein guter Rat für einen besseren Workshop.

Konstruktives Feedback fördern

Konstruktives Feedback wird viel zu selten eingesetzt, um Ideen voranzutreiben und besser zu machen. Anstatt sich sofort zu überlegen, warum die von Herrn

Meier geäußerte Idee Schwachsinn ist, lohnt es, sich zu fragen: Was hat ihn denn darauf gebracht und was könnte Gutes in dieser Idee stecken? „Ja und" fällt uns nicht immer leicht. Deshalb ist es so wichtig, eine effektive Methode hierfür zu haben.

Eine der populärsten Methoden zur Ideenentwicklung ist das Brainstorming. Und das, obwohl die Methode nachweislich große Schwächen hat.

- *Ein sehr viel besserer Weg, um auf gute Ideen zu kommen, besteht darin, ganz viele Fragen zu entwickeln.*
- *Der Cross-Innovation-Ansatz stellt Verknüpfungen her, die es so vorher noch nicht gab.*
- *Beim Mirror Thinking werden scheinbare Gegensätze vereint, um innovative Ideen zu entwickeln.*
- *Offenheit für die Ideen anderer steht im Zentrum der Plussing-Methode: „Ja und" statt „Ja, aber". Jede Idee wird so akzeptiert, wie sie ist, und mit eigenen Gedanken angereichert. Die Effektivität dieser Methode liegt in der strukturierten Form, in der sie angewendet wird.*

30 MINUTEN

4. Ideenumsetzung – das Neue begreifen

Viel schwieriger, als gute Ideen zu entwickeln, ist es, diese auch umzusetzen. Von einem beschriebenen Klebezettel zu einem neuen Produkt oder einer realisierten Strategie ist es ein weiter Weg. Viele Workshops enden mit einem euphorischen Gefühl angesichts der freigesetzten kreativen Energie. Doch drei Monate später wird man feststellen, dass nichts von all dem Erdachten umgesetzt wurde. Das ist wenig effektiv und vor allem frustrierend für alle Mitwirkenden. Die große Frage ist daher: Was verhilft Ideen zur Umsetzung?

Ein erster entscheidender Schritt ist, Ideen im wahrsten Sinne des Wortes greifbarer zu machen. Sie müssen in eine Form überführt werden, in der sie auch von anderen betrachtet und beurteilt werden können – zunächst einmal von den Kolleg*innen im Workshop und später auch von Außenstehenden oder potenziellen Kund*innen. Hierfür werden „Prototypen" benötigt. Hierunter ist jedoch kein Prototyp wie in der Autoindustrie zu verstehen, also ein über mehrere Monate gefertigtes Einzelstück, sondern lediglich eine plastische Form der Idee.

4.1 Rapid Prototyping

Unter dem Begriff des Rapid Prototyping werden verschiedene Vorgehensweisen gefasst, um Ideen eine konkrete Gestalt zu geben.

Zeichnung oder Skizze

Eine sehr simple Form ist die Zeichnung oder Skizze. Es heißt nicht zu Unrecht: Ein Bild sagt mehr als tausend Worte. Was wir umständlich beschreiben müssen, lässt sich über eine Visualisierung sehr leicht darstellen. Deshalb sollten Ideen, mit denen später weitergearbeitet werden soll, immer visualisiert werden. Eine bildliche Darstellung hilft dabei, die Idee im Kopf zu verankern. Zudem lässt sich eine Zeichnung gut anderen zeigen, um sich ein Feedback einzuholen.

„Ich kann aber nicht zeichnen!"
Viele tun sich schwer damit, ihre Ideen zu zeichnen. Sie glauben, dass ihnen hierfür das Talent fehlt und es für solch eine Aufgabe einen Grafiker oder eine Grafikerin braucht. Doch eine simple Zeichnung, wie sie auch ein kleines Kind anfertigen würde, reicht völlig. Es geht nicht um Schönheit, sondern darum, den Kern einer Idee plakativ herauszustellen. Dafür braucht es kein Talent, sondern das kreative Mindset, es einfach zu tun (siehe Kapitel 1.3).

Wenn Manager zu basteln beginnen

Eine andere und auch von uns vielfach genutzte Form des Prototyps ist das einfache 3-D-Modell. Hierfür werden verschiedenste Bastelmaterialien verwendet, die man bereits im Vorfeld eines Workshops zusammenstellen kann, zum Beispiel ein leerer Schuhkarton, Pfeifenreiniger, Knete oder auch Legosteine und Playmobil-Figuren. Das meiste davon findet sich in jedem Haushalt beziehungsweise Kinderzimmer oder kann für wenig Geld besorgt werden.

*Abb. 13: Beim Rapid Prototyping geht es darum, eine Idee zu visualisieren – sei es durch ein **Bild** oder auch durch ein **3-D-Modell**, das die Teilnehmer*innen mithilfe von Bastelmaterialien aller Art kreieren. Das Ergebnis muss nicht besonders schön aussehen, es geht darum, das Wesentliche der Idee zu erfassen.*

Mit den verschiedenen Materialien lassen sich komplexere Ideen gut darstellen, etwa wenn es nicht um eine Produktinnovation geht, sondern um eine Dienstleistung wie ein neues gastronomisches Angebot. Dann kann eine entsprechende Szene dargestellt werden, in der zum Beispiel eine Kundin oder ein Kunde diese Dienstleistung wahrnimmt.

Mit den Händen denken
Was vielen Manager*innen erst einmal kindisch vorkommen mag, hat einen ernsten Hintergrund. Die Vorteile sind durch die Wissenschaft belegt: Wir denken gewissermaßen mit den Händen. Indem wir Gedanken eine physische Form geben und hierfür unsere Hände nutzen, werden andere Areale im Gehirn aktiviert als beim reinen Nachdenken und Sprechen. Das hilft uns, die Welt im wahrsten Sinne besser zu begreifen. Das spielerische Experimentieren mit unterschiedlichsten Materialien löst außerdem Denkblockaden und führt zu neuen Einfällen, die die Ursprungsidee besser machen.

Rollenspiele bereichern jeden Workshop

Eine weitere und ebenso anschauliche Form von *Rapid Prototyping* ist das Rollenspiel. Dabei wird die Anwendung eines neuen Produkts oder eines Service durch eine Interaktion vorgeführt. Meist reicht es aus, wenn sich eine Kleingruppe von drei bis vier Personen für 15 Minuten zurückzieht, um eine entsprechende Szene auszuarbeiten. Wir sind immer wieder überrascht, welch schauspielerisches Talent in den Menschen steckt. Doch auch hier gilt: Es geht nicht um eine großartige schauspielerische Leistung. Es geht darum, den Kern oder die Vorzüge einer Idee in einer realen Anwendung zu zeigen. Durch die erzählte Geschichte werden Ideen auch hier besonders gut nachvollziehbar.

Abb. 14: Der Prototyp, der beim Rapid Prototyping erstellt wird, kann auch ein kurzes ***Rollenspiel*** *sein, also eine Szene, die die Teilnehmer*innen einstudieren. Diese Szene bringt spielerisch zum Ausdruck, was die Idee, um die es geht, ausmacht.*

Spaß und kreativer Flow

Weiterer positiver Effekt: Das *Rapid Prototyping* – egal in welcher Form – macht einfach Spaß! Wir erleben immer wieder, dass Menschen beim Erstellen der Prototypen in einen kreativen Flow kommen und sogar eine verschüttete Seite in sich selbst entdecken. Das ist umso mehr der Fall, je weniger sie in ihrem Beruf diese schöpferische Seite ausleben können. Es macht uns glücklich, sie wieder hervorzuholen. Joseph Beuys hatte absolut recht: „Jeder Mensch ist ein Künstler."

30 ***Beim Rapid Prototyping werden Ideen in eine anschauliche Form gebracht, beispielsweise durch Visualisierung oder ein 3-D-Modell. Das hilft bei der Vermittlung von Ideen sowohl innerhalb des Workshops als auch später gegenüber Außenstehenden.***

4.2 Quick Check für Prototypen

Das Erstellen von Prototypen spielt auch beim Design-Thinking-Ansatz eine zentrale Rolle. Dabei handelt es sich um eine Innovationsmethode, die in den letzten Jahren immer populärer geworden ist und von vielen erfolgreichen Unternehmen eingesetzt wird. Im Kern geht es darum, dass sich eine Innovation immer an den Bedürfnissen der Nutzer*innen orientiert. Um herauszufinden, ob dies tatsächlich der Fall ist, werden Prototypen zum schnellen Testen genutzt – möglichst unter Realbedingungen. Dabei gilt: je einfacher, desto besser. Denn umso schneller lässt sich ein Feedback einholen.

Nichts ist so lehrreich wie die Wirklichkeit

Für das Ergebnis eines Workshops ist es äußerst hilfreich, wenn man bereits während des Tages ein erstes Feedback von den avisierten Nutzer*innen beziehungsweise von potenziellen Kund*innen erhält.

- **Beispiel:** *Will man eine neue, innovative App testen, muss diese nicht gleich programmiert werden. Um zu erfassen, ob die Nutzer*innen generell auf die Idee anspringen oder mit der Menüführung zurechtkommen, reicht auch ein Papier-Prototyp, der die Bedienoberfläche des Smartphones simuliert. Diesen Prototypen kann man auf der Straße verschiedenen Leuten zeigen, die zufällig vorbeikommen, und sich das Feedback notieren.*

Ja, richtig gelesen: Wir empfehlen während eines Workshops, die Räumlichkeiten für einen Prototypen-Quick-Check zu verlassen. Dafür reicht in der Regel eine Stunde. Nichts ist so lehrreich wie die Wirklichkeit. Und unverblümtes Feedback von Menschen wie du und ich spricht eine klare Sprache. Sicherlich kostet es erst einmal etwas Überwindung, wildfremde Menschen anzusprechen. Aber die meisten sind neugierig und geben eine ehrliche Antwort. Schließlich will man ihnen ja nichts verkaufen.

Natürlich sind beliebige Passant*innen nicht immer die anvisierte Zielgruppe:

- **Beispiel:** *Ist das Unternehmen ein Spezialmaschinenhersteller für Hydraulikrohre in der Automobilindustrie, dann muss man für einen Prototypen-Quick-Check einen anderen Weg wählen, beispielsweise über das Telefon oder einen Videoanruf. Um seine Feedbackgeber*innen am Workshop-Tag tatsächlich zu erreichen, sollte man im Vorfeld bereits einen konkreten Termin ausgemacht haben. Nehmen wir an, es handelt sich um eine Workshop-Gruppe von zehn Personen, so könnten fünf Zweierteams sich ein Feedback von jeweils drei Kund*innen einholen. Damit entstehen 15 wertvolle Rückmeldungen direkt aus der Zielgruppe, die dabei helfen, Ideen zu verbessern und in die Umsetzung zu bringen.*

Zuhören ist das Wichtigste

Für die Befragung in Form kurzer Interviews (ca. 15 Minuten) gelten einfache Regeln:

- **10 Prozent fragen und 90 Prozent zuhören.**
- **Möglichst viele Warum-Fragen stellen.** Es kann auch gern dreimal „Warum" hintereinander sein. Oftmals wissen die Menschen selbst nicht, warum ihnen etwas besonders gut oder gar nicht gefällt. Erst durch vertiefende Fragen lenkt man sie auf ihre eigenen Motivationen.

- **Zwischen den Zeilen lesen.** Zeigt sich die geäußerte Begeisterung auch in Gestik und Mimik? Wenn nicht, will jemand vielleicht nur freundlich sein.
- **In Zweierteams unterwegs sein.** Eine Person konzentriert sich auf das Fragen. Die andere macht sich Notizen und schreibt plakative O-Töne mit.

Feedback festhalten

Für das Festhalten der Notizen hat sich ein simples Formular, bestehend aus vier Feldern, bewährt:

1. In einem Feld mit einem **Plus** wird notiert, was seitens der Feedback-Geber*innen positiv beurteilt wird.
2. In einem Feld mit einem **Minus** werden die Aspekte festgehalten, die nicht gut ankommen.
3. In ein **Fragezeichen**-Feld kommen all jene Dinge rein, die bei der Idee als unklar oder missverständlich wahrgenommen werden.
4. Ein Feld mit einem **Ausrufezeichen** wird genutzt, um interessante Erkenntnisse aufzuschreiben, zum Beispiel über tiefer liegende Bedürfnisse. Womöglich interessiert sich der Mensch gar nicht für die Funktionalität der neuen App, die getestet wird. Er möchte sie aber trotzdem gern haben, weil er sich damit fantastisch bei seinen Freund*innen in den Vordergrund spielen kann.

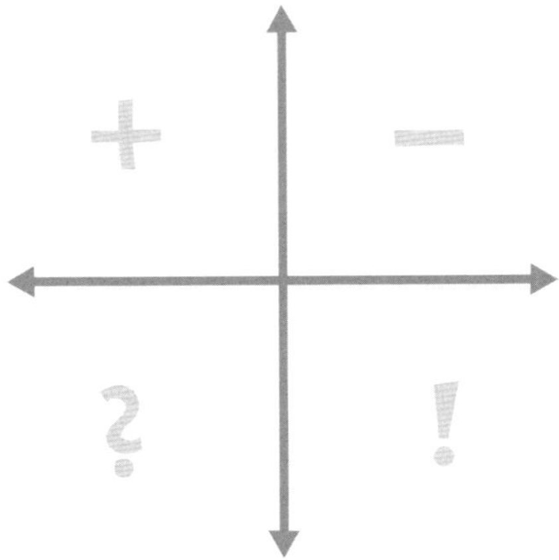

Abb. 15: Das Feedback der Befragten ist wertvoll, es sollte unbedingt festgehalten werden. Dafür bietet sich eine ***Vier-Felder-Matrix*** *an: ein Feld für positives (+), eines für negatives (-) Feedback, eins für Unklarheiten (?) und eines für überraschende Erkenntnisse (!).*

Nicht zu viel Aufwand in den Prototyp investieren!

Es gibt also viele Formen und Wege, Prototypen zu erstellen und zu testen. Der Aufwand soll bewusst gering sein, um einen großen Nutzen zu haben. Investieren wir zu viel Zeit, Energie und Geld in die Ausarbeitung einer Idee, wollen wir unter Umständen nicht mehr von ihr lassen, weil zu viel Herzblut hineingeflossen ist. Eine notwendige Richtungsänderung wird dann womöglich nicht mehr vollzogen. Doch das ist eigentlich immer nötig, damit eine Idee richtig gut wird. Oder anders ausgedrückt. Für eine gute Idee braucht man tausend schlechte Ideen.

Das schnelle Testen von Ideen liefert wertvolles Feedback, das für die Weiterentwicklung notwendig ist. Im Idealfall führt man bereits während eines Workshops Interviews mit realen Nutzer*innen und holt sich so wertvolle Verbesserungsvorschläge ein. 30

4.3 Future News

Der stärkste Motor, um Ideen in die Wirklichkeit zu bringen, ist unsere Vorstellungskraft. Genauer gesagt der Glaube daran, dass aus einem Einfall tatsächlich etwas werden kann. Dann überwinden wir Widerstände und finden Lösungen für Probleme, die zunächst unlösbar erschienen. Oftmals mangelt es jedoch genau an dieser Vorstellungskraft. Das „Ja, aber“ im Kopf ist lauter als das „Warum eigentlich nicht?“. Um diese Kluft zwischen Umsetzungswillen und Vorstellungskraft zu überwinden, hilft es, sich mental in die Zukunft zu versetzen.

Ein Cover aus der Zukunft

Das Rad der Zeit wird hierfür im Kopf nach vorne gedreht. Aus der Idee ist also eine reale Innovation geworden und hat sich erfolgreich am Markt etabliert.

Grund genug für die Presse, darüber zu berichten: mit einer knackigen Schlagzeile und entsprechender Bebilderung auf der Titelseite.
Genau darum geht es bei der Methode *Future News*: Die Teilnehmer*innen gestalten ein fiktives Zeitschriften-Cover aus der Zukunft. Je nachdem, ob die Ideen kurzfristiger oder langfristiger Natur sind, sind diese Future News ein, drei oder fünf Jahre in der Zukunft angesiedelt. Es bietet sich an, diese Übung in Zweierteams durchzuführen und das wichtigste News-Medium der Stadt oder ein großes überregionales Magazin als Vorlage im Kopf zu haben. Wie würde dieses in einer großen Aufmacher-Story über das neue Produkt oder den innovativen Service berichten? Was könnte der Anlass für die Berichterstattung sein?

Abb. 16: Wäre es nicht toll, wenn die Idee bereits umgesetzt wäre? Bei der Methode ***Future News*** *geht es darum, sich vorzustellen, wie dann darüber in der Presse berichtet wird.*

Aus der Zukunft zurückblicken

Als Material reichen ein DIN-A4-Blatt sowie ein Stift, um die Schlagzeile von übermorgen zusammen mit einer Zeichnung zu Papier zu bringen. Noch besser funktioniert die Methode, wenn die Teilnehmer*innen Scheren, Stifte, Kleber und alte Zeitschriften zur Verfügung haben. Dann lässt sich ein ausdrucksstarkes Bild oder eine Collage aufs Cover bringen. Zudem unterstützt die Arbeit mit den Händen das kreative Denken (siehe Kapitel 4.1). Gleichzeitig inspirieren die Headlines und Bilder aus den vorliegenden Zeitschriften zu neuen Einfällen. Gerade der zufällige Charakter dieses Stimulus ist besonders hilfreich.

Diese Methode unterstützt nicht nur die Vorstellungskraft, sondern sie hilft auch dabei, einem Projekt eine Richtung zu geben. Indem man sich fragt, wie die Presse darüber berichten würde, wird ein zuvor grober Ansatz zugespitzt beziehungsweise auf das Wesentliche verdichtet. Womöglich wird auch offenbar, dass die Idee doch nicht so innovativ ist wie gedacht – weil einem partout kein Grund einfällt, wieso die Presse darüber berichten sollte. Das ist nicht schlimm: Dann wird so lange an der Idee weitergearbeitet, bis tatsächlich ein Neuigkeitswert und ein Nutzen erkennbar sind.

Mit der Vision statt mit Problemen starten

In leicht abgewandelter Form wird diese Methode auch beim Online-Riesen Amazon eingesetzt – und zwar in Form einer fiktiven Pressemeldung.

- **Aus der Praxis:** *Dieser Ansatz von Amazon ist als Working-backwards-Prinzip bekannt geworden. Die Pressemitteilung wird so geschrieben, als sei eine Innovation bereits auf dem Markt. Das Datum der Pressemitteilung definiert dabei die Frist, bis wann das Ziel erreicht sein soll. Grundsätzlich wird vom Kunden beziehungsweise der Kundin aus gedacht. Die Pressemitteilung soll erklären, warum das neue Produkt oder der neue Service das Erlebnis der Nutzer*innen verbessert und diese begeistert und welche Probleme es löst.*

Dieser Ansatz, die Dinge vom Ende her zu denken, bietet große Vorteile. Man startet nicht mit den Hindernissen, die bei einer neuen Idee sofort in den Sinn kommen, sondern mit dem Ergebnis. Das ist sehr viel motivierender und führt eher dazu, sich auf den Weg der Umsetzung zu machen. Zudem verliert man sich nicht so schnell in den Details einer möglichen Umsetzung, sondern behält das große Ganze im Blick. Damit rückt auch der Blick auf die wirklich wichtigen Fragen ins Zentrum. Die Perspektive aus der Zukunft lässt uns ganzheitlicher und lösungsorientierter auf das Heute blicken.

Sportwettkämpfe werden im Kopf gewonnen
Eine breite Anwendung findet dieser Ansatz im Spitzensport. Dort läuft er unter dem Begriff „Visualisierung" oder „Mental Imagery". Die Athlet*innen gehen lange vor einem Wettbewerb die Slalomstrecke im Kopf durch, bewegen ihren Körper in den Kurven und stellen sich das jubelnde Publikum beim Zieleinlauf vor. Sollten sie in ihrer Vorstellung stürzen, spulen sie die Szene im Kopf zurück – so lange, bis sie die knifflige Stelle mühelos meistern. Diese Form des Mentaltrainings ist äußerst effektiv. Die Wirksamkeit des Ansatzes ist in etlichen Studien nachgewiesen worden. Bevor Athlet*innen einen Wettkampf in der Realität gewinnen, haben sie dies lange zuvor bereits im Kopf getan.

Unsere Vorstellungskraft hat Macht. Wir wären schlecht beraten, sie nicht auch in Workshops zu nutzen. Wer an sich zweifelt, sollte sich die Worte von Steve Jobs zu Gemüte führen: „Alles um dich herum, das du Leben nennst, wurde von Menschen gemacht, die auch nicht smarter als du sind."

Alles, was entsteht, entsteht zunächst in unserem Kopf. Mit der Methode Future News begibt man sich mental in die Zukunft – so als wäre eine Idee bereits erfolgreich realisiert worden. Das stärkt die Vorstellungskraft, wirkt motivierend und hilft dabei, Lösungswege bei der tatsächlichen Umsetzung zu finden. 30

4.4 Future Backcrafting

Der Ansatz, die Dinge vom Ende her zu denken, steht auch bei der Methode *Future Backcrafting* im Zentrum. Sie hilft dabei, Widerstände im Kopf und mögliche Ängste zu überwinden. Viele Ideen werden gleich wieder begraben, weil man glaubt, dass zu viele Hindernisse auf dem Weg der Umsetzung liegen. „Das Projekt ist zu teuer." „Uns fehlt die technische Kompetenz." „Dafür haben wir keine Zeit." Manchmal scheint es so, als würde gezielt nach Argumenten gesucht, warum es nicht klappen kann.
Diese Haltung ist ein Stück weit evolutionär bedingt. Unser Gehirn begegnet negativen Informationen und Angst mit größerer Aufmerksamkeit. Das war in der Steinzeit sehr sinnvoll. Wenn es im Gebüsch raschelte, war es klug, wegzurennen, bevor einen der Säbelzahntiger fraß. Unser Angsthirn begleitet uns nach wie vor – auch im Büroalltag. Wir müssen daher unserem Denken einen kleinen Schubs in die richtige Richtung geben. Das passiert beim *Future Backcrafting*.

Die Gegenwart ausblenden, um in die Zukunft zu blicken

Im ersten Schritt wird ein positives Resultat skizziert, das mit der Idee, um die es geht, erreicht werden kann. Hierfür schließen alle – bis auf eine Schriftführerin bzw. ein Schriftführer – die Augen. Das hilft dabei, sich von der Gegenwart zu lösen und sich mental ein paar Jahre in die Zukunft zu versetzen.

- **Beispiel:** *Geht es in dem Workshop um die Entwicklung eines Programms zur Kundenbindung, soll beschrieben werden, was die positiven Effekte sind: Was hat sich durch die Einführung nach drei Jahren verändert? Wie drückt sich die Begeisterung der Kund*innen in den Social-Media-Kanälen aus? Welche positiven Effekte haben sich für das Neugeschäft ergeben? Der oder die Schriftführer*in schreibt jeden Gedanken jeweils auf einen Klebezettel.*

Das bei dieser Visionsarbeit entstehende Zukunftsszenario soll so konkret wie möglich sein. So hilft es, zu beschreiben, was die Kund*innen am neuen Programm am meisten lieben. Oder welche neuen Großkunden dazugewonnen werden konnten. Dabei gilt es, positiv, aber nicht unrealistisch zu denken. Wenn man sich vorstellt, die Kundenzahl zu vertausendfachen, so ist das zwar ein schöner Gedanke, aber einer aus dem Märchenreich. Das, was mit der Idee erreicht werden soll, kann ein ambitioniertes Ziel sein, es sollte jedoch im Bereich des Möglichen liegen.

Abb. 17: Was wäre wenn ...? Beim ***Future Backcrafting*** *bleibt der Blick in die Zukunft realistisch, aber auch zuversichtlich. Ausgangspunkt ist die Vorstellung, dass das Ziel erreicht wurde.*

Blick auf das Wesentliche richten – auf das Ziel

Nach etwa zehn Minuten können dann alle ihre Augen wieder öffnen und die beschriebenen Post-its gemeinsam betrachten und sortieren: Welche Gedanken gehören zusammen? Welche der skizzierten Resultate haben die größte Bedeutung?

Durch den Fokus auf die positiven Effekte, die mit der Idee einhergehen, wird die Perspektive auf das gewünschte Ziel gelenkt. Denn Ziel ist schließlich nicht, ein neues Loyalitätsprogramm zu haben, sondern bessere Kundenbeziehungen oder ein wachsendes Neugeschäft zu generieren.

Dieser erste Schritt der Methode hilft damit auch, sich klarer zu werden, wofür überhaupt eine neue Idee benötigt wird. Womöglich wird einem auch bewusst, dass es noch ein langer, schwieriger Weg ist, um das gewünschte Ziel zu erreichen. Dabei, sich von dem Vorhaben nicht abbringen zu lassen, hilft der zweite Schritt der Methode. Sie geht auf den amerikanischen Management-Autor Stephen Covey zurück.

Der größte Einfluss auf die Zukunft liegt in uns selbst

In diesem zweiten Schritt geht es darum, die vielen Steine, die auf dem Weg liegen könnten, aus dem Weg zu räumen. Auch hier gilt: Die meisten Hindernisse sind in unserem Kopf. Also raus damit!

1. **Circle of Concern:** Hierfür wird auf einem Flipchart oder einem digitalen Whiteboard ein großer Kreis gemalt - der sogenannte „Circle of Concern". Hier notiert das Team all jene Aspekte, die für das Erreichen des Ziels von Bedeutung sind und mögliche Hindernisse darstellen, zum Beispiel die Finanzierung oder die Beauftragung externer Dienstleister.
2. **Circle of Control:** Danach wird ein kleiner Kreis in die Mitte des großen Kreises gemalt - der „Circle of Control". In diesen kommen all jene Aspekte rein, die das Team für das Erreichen des Ziels unter Kontrolle hat. Das kann zum Beispiel die Erstellung eines Projektplans sein.

3. **Circle of Influence:** Danach wird noch ein dritter Kreis zwischen den beiden anderen in der Mitte gezeichnet – der „Circle of Influence“. In diesen werden Aspekte aus dem äußeren „Circle of Concern“ umsortiert, auf die das Team Einfluss nehmen kann, zum Beispiel die Finanzierung. Womöglich hat das Team keine Budgethoheit, aber es könnte einen Antrag an das Management stellen. Auch wenn es über Gelder nicht frei verfügen kann, ganz ohne Einfluss ist es nicht.

Dieser zweite Schritt der Methode *Future Backcrafting* lässt also ein realistischeres Bild von den eigenen Möglichkeiten zu. Uns stehen letztlich immer mehr Wege offen, als wir zunächst glauben. Sich der eigenen Selbstwirksamkeit bewusst zu werden, stärkt die Motivation und macht Mut. Auch wenn wir nicht über alles bestimmen können, so können wir doch auf die meisten Dinge Einfluss nehmen. Und genau darum geht es beim Umsetzen von Ideen: die Möglichkeiten nutzen, die man hat. Und, wo sich eine Tür verschließt, nach einer neuen suchen.
Erfolgreiche Unternehmer*innen sind meist nicht kreativer als andere. Aber sie sind sehr viel hartnäckiger und bleiben an ihren Ideen dran. Beflügelt werden sie dabei von einer positiven Vision, wie sie die Welt mit ihrer Idee zu einer schöneren oder besseren machen können. Deswegen lohnt es sich, vom Ende her, aus der Zukunft zu denken.

Viel schwieriger, als gute Ideen zu entwickeln, ist es, diese auch umzusetzen. Es hilft, Methoden zu nutzen, die Ideen greifbarer machen.

- *Beim Rapid Prototyping werden Ideen in eine anschauliche Form gebracht, beispielsweise durch Visualisierung oder ein 3-D-Modell.*
- *Das schnelle Testen von Ideen liefert wertvolles Feedback, das für die Weiterentwicklung notwendig ist.*
- *Um Ideen zu realisieren, ist es hilfreich, sich mental in die Zukunft zu versetzen.*
- *Beim Future Backcrafting wird mit einer positiven Vision gestartet, die zeigt, wie sich die Umsetzung einer Idee in der Zukunft auswirkt. Das motiviert und schärft das Ziel. Zugleich wird ein realistisches Bild erarbeitet, welche Möglichkeiten einem bei der Umsetzung offenstehen. Das erleichtert es, sich auf den Weg zu machen.*

10 Gebote für Moderator*innen

Zum Schluss möchten wir den Fokus auf jene lenken, die zum Gelingen eines Workshops beitragen – die Moderatorinnen und Moderatoren. Sie sind es, die mit viel Freude und Enthusiasmus an den Zielen ihrer Auftraggeber arbeiten. In den meisten Büchern finden sie nicht die Beachtung, die sie verdient haben. Dabei wird es nur bessere Workshops geben, wenn auch ihre Bedürfnisse berücksichtigt werden. Basierend auf unserer eigenen Erfahrung haben wir zehn Gebote formuliert. Sie beinhalten Dinge, die uns selbst besonders wichtig sind und unserer Ansicht nach zu besseren Workshops führen.

1. Ihr sollt nicht alleine sein

Unser wichtigster Grundsatz für Workshops ist: Wir arbeiten immer im Team, also mindestens zu zweit. Das macht zum einen mehr Spaß. Zum anderen können wir damit unterschiedliche Perspektiven einbringen: jung, alt, männlich, weiblich, impulsiv, besonnen ... Auf diese Weise können wir besser auf die verschiedenen Charaktere unter den Teilnehmer*innen eingehen. Außerdem sichern wir so, dass Erfahrungen und Wissen bei uns im Unternehmen weitergegeben werden. Uns ist bewusst, dass viele Moderator*innen als Soloselbstständige tätig sind. In diesem Fall kann der Auftraggeber oder jemand aus dem Kreis der Teilnehmer*innen für Aufgaben der Co-Moderation gewonnen werden.

2. Ihr sollt einander vertrauen

Kein anderer Faktor ist so wichtig für eine gute Zusammenarbeit wie Vertrauen. Das betrifft das Verhältnis innerhalb des Moderationsteams sowie das zum Auftraggeber und zu den Teilnehmer*innen. Vertrauen bildet sich durch Offenheit, Wertschätzung und Menschlichkeit. Das bedeutet, die Dinge ehrlich beim Namen zu nennen. Wenn etwas nicht funktioniert, sprecht darüber und überlegt, was ihr ändern könnt. Je mehr wir uns gegenseitig schätzen, desto leichter tun wir uns, mit Problemen oder Konflikten umzugehen.

3. Ihr sollt Spaß haben

Bei unseren Workshops gilt die Maxime: Wir wollen als Moderierende Spaß haben. Dann haben die Teilnehmer*innen nämlich ebenfalls eine gute Zeit. Der didaktische Nutzen von Humor und Vergnügen wird oft unterschätzt. Zum einen lernen wir effektiver, wenn wir Freude an den Inhalten haben. Die Aufmerksamkeit ist dann höher und Informationen werden besser aufgenommen. Zum anderen lassen wir leichter unkonventionelle Gedanken zu, wenn wir in einer positiven Grundstimmung sind. Zu guter Letzt schweißen Freude und Lachen das Team zusammen. Wir sollten daher den Spaß sehr ernst nehmen.

4. Ihr sollt euch wohlfühlen

Im ersten Kapitel ging es darum, wie wichtig es ist, ein kreatives Setting für die Teilnehmer*innen eines Workshops herzustellen. Ebenso wichtig ist es, dass sich das Moderationsteam wohlfühlt. Das beginnt damit, sich ausreichend Zeit zu nehmen, mit der Workshop-Location „warm" zu werden. Das heißt, sich den Raum für seine Zwecke anzueignen: mit dem entsprechenden Licht-Setting und der Verteilung von Tischen, Stühlen, Materialien etc. Wir selbst prüfen zuvor eingehend, an welchen interessanten Orten im Umfeld des Workshopraums eine Übung stattfinden könnte, zum Beispiel im Garten. Das Setting ist auch bei digitalen Workshops sehr wichtig: eine angenehme Temperatur, frische Luft, gutes Licht, Blumen, Snacks und Getränke. Eine Wohlfühlatmosphäre überträgt sich über den Bildschirm.

5. Ihr sollt euch nicht verbiegen

Jeder im Workshop-Business kennt das. Der Auftraggeber kommt zuweilen „aus einer anderen Welt", wo die Uhren gänzlich anders ticken. Bei euch wird sofort geduzt und kreativ gearbeitet. In der Welt des Auftraggebers geht es formeller und analytischer zu. In diesem Fall verbiegt euch nicht. Denn es hat ja einen Grund, warum es zu dieser Anfrage kam. Eben weil der Auftraggeber aus dem gewohnten Trott ausbrechen will. Die Unterschiedlichkeit der Perspektiven bietet herrliche Reibungspunkte, aus denen innovative Lösungen hervorgehen können.

6. Ihr sollt klare Rollen haben

Wie heißt es so schön: Man kann nicht auf mehreren Hochzeiten gleichzeitig tanzen. Ebenso wenig kann ein Moderator oder eine Moderatorin gleichzeitig divergierende Rollen in sich vereinen. Aus diesem Grund arbeiten wir bei uns auch immer im Team. So kann die eine sich auf die Vermittlung von Inhalten und der andere auf das Mood- oder Zeit-Management innerhalb der Gruppe konzentrieren. Diese Rollen sollten den Teilnehmer*innen von Beginn an klar kommuniziert werden. Dann ist auch keiner dem strengen Zeitwächter böse, wenn dieser wieder mal die Einhaltung von Timings anmahnt.

7. Ihr sollt respektvoll stehlen

Von Pablo Picasso stammt das schöne Zitat: „Lesser artists borrow; great artists steal." Zu Deutsch: Schlechte Künstler*innen kopieren; großartige Künstler*innen stehlen. Das sollten wir uns als Moderierende zu eigen machen. Gemeint ist natürlich nicht, dass wir die Inhalte oder Methoden von anderen eins zu eins abschreiben. Aber wir sollten offen und neugierig sein, um immer weiter zu lernen und auf dem, was uns inspiriert, mit eigenen Ideen aufzubauen. Natürlich gebührt es der Respekt und der Schutz von geistigem Eigentum, auf seine Quellen präzise hinzuweisen.

8. Ihr sollt mehr experimentieren

Jeder Workshop ist ein zeitlich befristetes Experiment. Denn genau in dieser Konstellation kommen die

Moderator*innen und Teilnehmer*innen wahrscheinlich nicht wieder zusammen. Das eröffnet den Freiraum, auch mehr zu experimentieren – mit ungewöhnlichen Orten, Methoden und Konstellationen. So haben wir selbst einmal einen Workshop in einer Zahnarztpraxis durchgeführt und mit den Dentalinstrumenten das Catering serviert (Pastinake auf Zahnsteinkratzer). Auf diese Weise wollten wir den Cross-Innovation-Ansatz verdeutlichen. Es war – zugegebenerweise – schräg. Aber unsere Teilnehmer*innen haben es geliebt.

9. Ihr sollt Konflikte wertschätzen

Konflikte gehören zum Leben dazu wie das Salz in der Suppe. Häufig brechen sie in Workshops auf, wenn endlich mal der Raum da ist, seine Meinung kundzutun. Unsere Aufgabe als Moderierende ist nicht etwa, Konflikte zu verhindern, sondern lenkend einzugreifen und sie im besten Fall konstruktiv für alle aufzulösen. Hierbei helfen Methoden, die sich als „Blitzableiter“ eignen, sowie die Moderation im Team. Dann kann eine Person der „Bad Guy“ sein und klar darauf hinweisen, wenn ein Konflikt im jetzigen Moment zu nichts führt oder unlösbar ist. Moderator*innen, die zu harmoniebedürftig sind, können mehr schaden als nutzen.

10. Ihr sollt aus euren Erfahrungen lernen

Für das Vorhaben, bessere Workshops zu machen, ist eines unerlässlich: die Retrospektive nach dem Workshop. Dabei blickt das Moderationsteam gemeinsam auf den Tag zurück und bewertet offen und ehrlich den Ablauf und das Ergebnis. Für uns hat sich dabei das folgende Muster bewährt.

1. Was lief gut?
2. Was lief schlecht?
3. Welche Ideen zur Verbesserung gibt es?
4. Wem möchte ich wofür danken?

Die Retrospektive ist ungemein effektiv, um die Zusammenarbeit im Team und die Methoden kontinuierlich zu verbessern. Zu Recht spielt die Retrospektive auch bei vielen agilen Arbeitsweisen wie zum Beispiel Scrum eine entscheidende Rolle. Wir werden nur besser, wenn wir aus unseren Fehlern, aber auch aus den Dingen, die richtig gut funktionieren, lernen.

Fast Reader

1. Mindset – der richtige Teamspirit

*Für das Gelingen eines Workshops ist das kreative Zusammenspiel der Teilnehmer*innen – ihre Offenheit und ihre Wertschätzung füreinander – entscheidend. Eine wichtige Rolle spielt dabei das kreative Setting: Interdisziplinarität, Hierarchiefreiheit und Autonomie sind wesentliche Grundprinzipien für erfolgreiche Kreativprozesse. Das Team braucht Freiheiten, um ohne Druck Ideen entwickeln zu können. Dennoch sind Strukturen wichtig. Diese betreffen das Einhalten von Zeiten, die Ausstattung des Raums sowie die Verteilung von Teamrollen.*

30

- ***Das gewünschte Mindset lässt sich zwar nicht erzwingen, jedoch mit den richtigen Warm-ups stimulieren.***
- ***Superschurke und Superheldin: Bei diesem Warm-up geht es darum, dass sich die Team-***

mitglieder ihrer Stärken und Schwächen bewusst werden. Diese in der Gruppe zu teilen, verbessert die Zusammenarbeit.

- ***Kreative Zuversicht: Viele Menschen glauben, dass sie nicht kreativ sind. Das hindert sie an der Ideenentwicklung. Kreative Zuversicht aufzubauen gelingt durch Übungen wie das Erstellen eins Fadenporträts, bei dem sich die Teilnehmer*innen gegenseitig zeichnen.***
- ***Galerie der Leidenschaften: Bei diesem Warmup kommen die speziellen Passionen und verborgenen Talente der Teilnehmer*innen zum Vorschein. In den privaten Leidenschaften schlummern oftmals wertvolle Ressourcen für den Job und die Ideenentwicklung im Workshop.***

2. Perspektivenwechsel – die Würze im Workshop

*Das menschliche Denken orientiert sich an Mustern. Das ist für die Alltagsbewältigung sehr hilfreich, jedoch nicht für kreative Prozesse. Mit einem gezielten verordneten Perspektivenwechsel lässt sich das Gehirn überlisten, aus diesen Denkmustern auszubrechen. Das erhöht die Chance, dass die Teilnehmer*innen sehr viel originellere Ideen entwickeln.*

30

Folgende Übungen fördern den Perspektivenwechsel im Workshop:

- ***Rollentausch: Oftmals sind es berufliche Rollen und damit verbundene Denk- und Verhaltensmuster, die den Ideenfluss behindern. So dominiert beispielsweise die Führungskraft die Diskussion. Daher bekommt der Chef die Rolle des Praktikanten zugewiesen und darf während des Workshops nur Ideen aus der Perspektive des Neulings einbringen.***
- ***Creative Job Poker: Die Teilnehmer*innen bekommen einen neuen, ungewöhnlichen Jobtitel zugewiesen, zum Beispiel „Chief Destruction Officer". Aus der Perspektive ihrer neuen Position blicken sie dann auf die Fragestellung, um die es im Workshop geht.***
- ***Ruhe in Frieden: Durch die Formulierung einer Grabrede auf das eigene Unternehmen wird deutlich, was dieses einzigartig macht. Diese Erkenntnis hilft zum Beispiel bei der Neuausrichtung des Unternehmens.***
- ***Kill your Business: Bei diesem Perspektivenwechsel spielt das Team den Untergang des eigenen Unternehmens durch. Ziel ist, am Ende eine strategische Antwort auf drohende Gefahren zu finden.***

3. Ideenentwicklung – Goodbye, Brainstorming

*Eine der populärsten Methoden zur Ideenentwicklung ist das Brainstorming. Und das, obwohl die Methode nachweislich große Schwächen hat: Das Denken in der Gruppe funktioniert nicht besser, weil die Teilnehmer*innen sich gegenseitig blockieren und beeinflussen. Wer wirklich originelle Ideen entwickeln möchte, sollte im Workshop andere Methoden einsetzen.*

30

Gute Alternative zum Brainstorming sind die folgenden Methoden:

- ***Questionstorming: Ein äußerst effektiver Weg, um auf gute Ideen zu kommen, besteht darin, keine Ideen zu entwickeln – sondern Fragen. Deswegen ist das Sammeln von ganz vielen Fragen sehr viel effektiver als das Brainstorming.***
- ***Cross Innovation: Innovation entsteht immer dann, wenn neue Verknüpfungen hergestellt werden, die es so vorher noch nicht gab. Bei der Cross-Innovation-Methode werden durch das Kreuzen zweier Branchen neue Produkt- und Service-Ideen entwickelt.***
- ***Mirror Thinking: Was würden wir niemals tun? Und warum ist genau das sinnvoll? Mit diesen Fragen spielt die Methode Mirror Thinking, bei***

der scheinbar Gegensätzliches vereint wird, um zu innovativen Ideen zu kommen.
- ***Plussing: Wir neigen dazu, Ideen sofort zu bewerten – und zwar nach dem Schwarz-Weiß-Schema: gut oder schlecht. Abhilfe schafft die Plussing-Methode. Jede Idee wird so akzeptiert, wie sie ist, und mit eigenen Gedanken angereichert.***

4. Ideenumsetzung – das Neue begreifen

Viel schwieriger, als gute Ideen zu entwickeln, ist es, diese auch umzusetzen. Die große Frage ist daher: Was verhilft Ideen dazu, tatsächlich realisiert zu werden? Ein erster entscheidender Schritt ist, Ideen im wahrsten Sinne des Wortes greifbarer zu machen. Hierfür werden Prototypen benötigt.

30 ***Folgende Methoden machen Ideen greifbar und fördern ihre Umsetzung:***
- ***Rapid Prototyping: Beim Rapid Prototyping werden Ideen in eine anschauliche Form gebracht, beispielsweise durch Visualisierung oder ein 3-D-Modell. Das hilft bei der Vermittlung von Ideen und ermöglicht ein schnelles Testen und Anpassen der Ansätze.***

- ***Quick Check für Prototypen:** Das schnelle Testen von Ideen liefert wertvolles Feedback, das für die Weiterentwicklung notwendig ist. So ist es äußerst hilfreich, bereits während eines Workshops erste Prototypen durch reale Nutzer*innen testen zu lassen.*
- ***Future News:** Bei dieser Methode begibt man sich mental in die Zukunft – so als wäre eine Idee bereits erfolgreich realisiert worden. Hierfür werden eine Schlagzeile und das Cover einer Zeitschrift aus der Zukunft erstellt. Das spitzt Ideen zu und wirkt motivierend.*
- ***Future Backcrafting:** Häufig wird die Umsetzung von Ideen nicht angegangen, weil zu viele Hindernisse gesehen werden. Beim Future Backcrafting wird daher mit einer positiven Vision gestartet. Das rückt das Ziel in den Fokus und motiviert, sich auf den Weg zu machen.*

Das Autorenduo

Andreas Steinle, Gründer und Geschäftsführer der Zukunftsinstitut Workshop GmbH, erforscht seit vielen Jahren die menschliche Neugier, um Lust auf Zukunft und Veränderung zu machen. Mit viel Herzblut und Leidenschaft berät er Unternehmen in der Fragestellung, wie sie ihre Zukunftsfitness verbessern können. Innovative Workshop-Formate spielen dabei eine besondere Rolle.

E-Mail: a.steinle@zukunftsinstitut-workshop.de

Christiane Friedemann, Gründerin und Geschäftsführerin der Zukunftsinstitut Workshop GmbH, ist eine Pionierin der angewandten Trend- und Zukunftsforschung. Dort bringt sie ihre Talente als Designerin mit ein, um Zukunft nicht nur zu analysieren, sondern auch zu gestalten – mit kreativen Methoden, praktischen Tools und innovativen Workshop-Formaten.

E-Mail: c.friedemann@zukunftsinstitut-workshop.de

Weiterführende Literatur

- Bono, Edward de: Lateral Thinking. A Textbook of Creativity. Penguin Life, London, 2016.
- Christensen, Clayton M.: The Innovator's Dilemma: Warum etablierte Unternehmen den Wettbewerb um bahnbrechende Innovationen verlieren. Verlag Vahlen, München, 2011.
- Lewrick, Michael; Link, Patrick; Leifer, Larry: Das Design Thinking Toolbook: Die besten Werkzeuge & Methoden. Vahlen Verlag, München, 2019.
- Naughton, Carl; Steinle, Andreas: Zukunftsmut. GABAL Verlag, Offenbach, 2019.
- Naughton, Carl; Steinle, Andreas: Neugier-Management. Zukunftsinstitut, Frankfurt, 2014.
- Ries, Eric: The Lean Startup: How Today's Entrepreneurs Use Continous Innovation to Create Radically Successful Business. Currency, New York, 2011.

Register